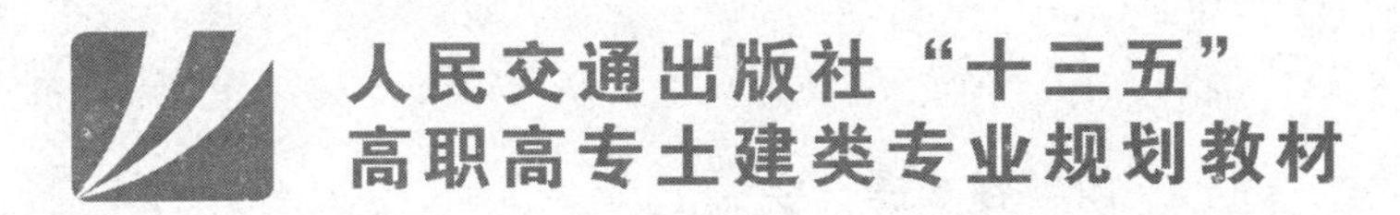

建筑工程预算

实训指导书与习题集（第三版）

编　著　程　颢　罗淑兰
主　审　杜浐阳　袁建新

人民交通出版社股份有限公司
China Communications Press Co.,Ltd.

内 容 提 要

本书分上篇和下篇：上篇共五章，为实训部分，内容包含建筑工程识图指导、建筑工程施工图预算实训、建筑工程工程量清单实训、建筑工程工程量清单计价实训、建筑工程造价软件应用实训；下篇共八章，为基础理论知识的习题集，可有效帮助学生深入理解建筑工程预算知识。

本书可作为土建类各专业高职高专学生的实践课教材，也适合作为工程造价人员的执业资格培训教材，并可作为造价员继续教育和晋级考试的辅导教材。

图书在版编目（CIP）数据

建筑工程预算实训指导书与习题集/程颢，罗淑兰编著. —3版. —北京：人民交通出版社股份有限公司，2016.8

ISBN 978-7-114-13157-8

Ⅰ.①建… Ⅱ.①程…②罗… Ⅲ.①建筑预算定额—高等职业教育—教学参考资料 Ⅳ.①TU723.3

中国版本图书馆CIP数据核字（2016）第144541号

书　　名：建筑工程预算实训指导书与习题集（第三版）
著 作 者：程　颢　罗淑兰
责任编辑：陈力维　邵　江
出版发行：人民交通出版社股份有限公司
地　　址：（100011）北京市朝阳区安定门外外馆斜街3号
网　　址：http://www.ccpress.com.cn
销售电话：（010）59757973
总 经 销：人民交通出版社股份有限公司发行部
经　　销：各地新华书店
印　　刷：北京市密东印刷有限公司
开　　本：787×1092　1/16
印　　张：11.25
字　　数：267千
插　　页：2
版　　次：2007年2月　第1版
　　　　　2011年11月　第2版
　　　　　2016年8月　第3版
印　　次：2016年8月　第3版　第1次印刷　总第8次印刷
书　　号：ISBN 978-7-114-13157-8
定　　价：25.00元

高职高专土建类专业规划教材编审委员会

高职高专土建类专业规划教材出版说明

近年来我国职业教育蓬勃发展，教育教学改革不断深化，国家对职业教育的重视达到前所未有的高度。为了贯彻落实《国务院关于大力发展职业教育的决定》的精神，提高我国工程建设领域的职业教育水平，培养出适应新时期职业要求的高素质人才，人民交通出版社股份有限公司经深入调研，周密组织，在全国高职高专教育土建类专业教学指导委员会的热情鼓励和悉心指导下，发起并组织了全国四十余所院校一大批骨干教师，编写出版本系列教材。

本套教材以《高等职业教育土建类专业教育标准和培养方案》为纲，结合专业建设、课程建设和教育教学改革成果，在广泛调查和研讨的基础上进行规划和展开编写工作，重点突出企业参与和实践能力、职业技能的培养，推进教材立体化开发，鼓励教材创新，教材组委会、编审委员会、编写与审稿人员全力以赴，为打造特色鲜明的优质教材做出了不懈努力，希望以此能够推动高职土建类专业的教材建设。

本系列教材已先后推出建筑工程技术、工程监理和工程造价三个土建类专业共计六十余种主辅教材，随后将在全面推出土建大类中七类方向的全部专业教材的基础上，对已出版的教材进行优化、修订，并开发相关数字资源。最终出版一套体系完整、特色鲜明、资源丰富的优秀高职高专土建类专业教材。

本系列教材适用于高职高专院校、成人高校、继续教育学院和民办高校的土建类各专业使用，也可作为相关从业人员的培训教材。

人民交通出版社股份有限公司

2015 年 7 月

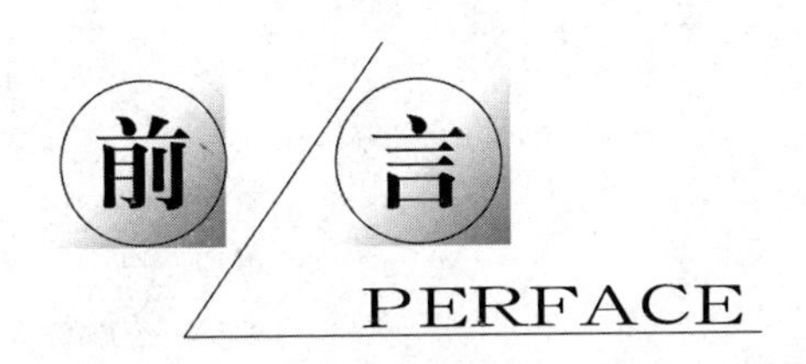

前言

PERFACE

《建筑工程工程量清单计价规范》(GB 50500—2008)已于2008年12月1日开始执行,标志着我国建设工程全过程造价管理的深化改革向前推进,为工程量清单计价模式的推广和应用创造了更好的条件。《建筑工程工程量清单计价规范》(GB 50500—2008)历经五年的应用,经过实践与总结,住房和城乡建设部宣布《建筑工程工程量清单计价规范》(GB 50500—2013)于2013年7月1日起已实施。《建筑工程工程量清单计价规范》(GB 50500—2013)与《建筑工程工程量清单计价规范》(GB 50500—2008)相比较,具有精细化、科学化管理水平更高,可操作性更强的特点。通过合并、新增将原来的六个专业调整为九个专业,专业划分更加精细;对原来诸多责任不够明确的内容做了责任界定,责任划分更加明确;对原来内容不够明确的地方做了精确的量化说明和修改补充,对争议的处理更加明确,可执行性更强。为工程造价精细化、科学化管理提供更好的平台。在《建筑工程工程量清单计价规范》(GB 50500—2013)实施的大背景下,《建筑工程预算实训指导书与习题集》的修订势在必行。

在修订过程中,本书仍然坚持"理实结合,突出实用性技能的教学内容,打造多层次、丰富、实用的实践教学平台",满足不同学习对象的学习与教学要求,体现高职高专教材特色。

本书分上篇和下篇:上篇共五章为实训部分,内容为实训指导与任务要求,并附有独立、成套的施工图设计文件和相应的标准表格;下篇共八章为基础理论知识的习题集。因此,本书既可作为工程造价专业高职高专学生的实践课教材,也适合作为工程造价管理从业人员的执业资格培训教材。另外,在建筑制图中尺寸单位以毫米计,标高单位以米计,以"砼"代表混凝土本书不另作说明。

本书由陕西铁路工程职业技术学院罗淑兰(造价工程师)编写第一、三、四、六、八、十、十三章,程题编写第二、五、七、九、十一、十二章,教材中的插图均采用计算机绘制,第五章的部分内容由北京广联达慧中软件技术有限公司提供,全书由罗淑兰统稿,陕西建设工程造价总站高级工程师杜浐阳和四川建筑职业技术学院袁建新教授担任主审。在此,作者向本书编著过程中给予支持和关心的朋友们表示衷心的感谢,同时感谢在本书编著中所参考的文献的作者。

由于作者水平有限,书中难免有缺点和不足之处,恳请同行和读者批评指正。

编者

2016年4月

上篇　建筑工程预算实训指导书

第一章　建筑工程识图指导…………………………………………………… 3

第一节　建筑工程识图基本知识…………………………………………… 3

第二节　建筑施工图识图…………………………………………………… 4

第三节　结构施工图识图…………………………………………………… 6

第二章　建筑工程施工图预算实训………………………………………… 9

第一节　建筑工程施工图预算实训任务书………………………………… 9

第二节　建筑工程施工图预算实训指导书 ……………………………… 10

第三节　检修车间施工图设计文件 ……………………………………… 15

第三章　建筑工程工程量清单实训 ………………………………………… 34

第一节　建筑工程工程量清单实训任务书 ……………………………… 34

第二节　建筑工程工程量清单实训指导书 ……………………………… 35

第三节　幼儿园施工图设计文件 ………………………………………… 41

第四章　建筑工程工程量清单计价实训 …………………………………… 64

第一节　建筑工程工程量清单计价实训任务书 ………………………… 64

第二节　建筑工程工程量清单实训指导书 ……………………………… 66

第三节　收费棚施工图设计文件 ………………………………………… 74

第五章　建筑工程造价软件应用实训 ……………………………………… 84

第一节　建筑工程造价软件应用实训任务书 …………………………… 84

第二节　建筑工程工程量清单实训指导书 ……………………………… 85

第三节　售楼中心施工图设计文件……………………………………… 106

下篇　建筑工程预算习题集

第六章　建筑工程预算概述……………………………………………… 129

第七章　建筑工程定额…………………………………………………… 132

第八章　建筑工程量计算………………………………………………… 136

第九章　建筑工程费用构成……………………………………………… 148

第十章　施工图预算…………………………………………………………………… 151
第十一章　施工预算………………………………………………………………… 153
第十二章　工程结算………………………………………………………………… 155
第十三章　工程量清单计价原理…………………………………………………… 158

习题集参考答案……………………………………………………………………… 168
参考文献……………………………………………………………………………… 171

上　篇

建筑工程预算实训指导书

第一章
建筑工程识图指导

具备正确、准确、快速地识读建筑施工图和结构施工图的基本技能，是一个建筑工程造价人员正确、准确计算建筑工程量的前提和保证，也是建筑工程造价人员进行建筑工程计量管理工作的基础。要做到正确、准确、快速地识读建筑施工图和结构施工图，除掌握工程制图、房屋建筑学、建筑工程施工技术等课程的专业知识外，还应对现行的建筑工程设计规范、施工规范等标准和常用的标准图集中的内容非常熟悉，并且要多读图，加强读识图训练，为从事建筑工程造价管理工作打下坚实的基础。

第一节　建筑工程识图基本知识

一　建筑物的组成

建筑物主要由基础、墙或柱、楼地面、屋顶、楼梯、门窗六大主要部分组成，此外，还有台阶、雨篷、阳台、遮阳板、挑檐等其他构件。

二　建筑工程施工图的内容

一套完整的建筑工程施工图包括：

(1)首页图，主要由图纸目录、设计说明、门窗表等内容组成。

(2)建筑施工图，主要表示房屋的建筑设计内容，由总平面图、平面图、立面图、剖面图和详图组成。

(3)结构施工图，主要表示房屋的结构设计内容，由结构平面布置图和构件详图组成。

(4)设备施工图，主要表示给排水、采暖、通风、电气照明等，及设备的布置和安装要求，由平面布置图、系统图和详图组成。

三　建筑工程制图的基本规定

(1)图纸幅面与格式。

(2)建筑工程图中常用比例。

(3)建筑工程图中常用线形(如细实线、中粗实线、粗实线等)及其用途。

(4)建筑工程图中尺寸及其标注。

(5)建筑工程图中建筑材料的图例。

(6)建筑工程定位轴线编号的标注方法。

(7)索引符号和详图符号的标注方法。

四 建筑工程识图的步骤

1. 总体了解,核对图纸

通过目录、总平面图和施工总说明,整体了解工程状况。如建筑工程的设计单位,拟建工程所处的位置,四周环境,施工现场场地条件等。

2. 顺序读图,前后对照

一般根据施工图的先后顺序,按照基础、墙或柱、结构平面布置、建筑构造及装修的顺序,认真阅读相关图纸。也可以按照先建筑施工图,再结构施工图的顺序读识,即按施工图的编排顺序读识。

读识建筑工程图时,应注意平面图和剖面图及立面图、建筑施工图和结构施工图、土建施工图和设备施工图对照着识读,对整个建筑工程的总体和局部情况才能全面了解。

3. 重点细读,记录关键内容

对一些技术复杂或重要的结构、构造内容,应重点仔细识读,并认真核对和记录相关的轴线尺寸、层高、拟建工程总标高、主要梁或柱的断面尺寸、长度或高度等信息。

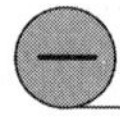

第二节　建筑施工图识图

一 建筑总平面图

1. 建筑总平面图的主要内容

(1)新建和原有建筑物、构筑物的形状、位置及各建筑物的层数;附近道路、围墙、绿化的布置;地形、地貌的情况等。

(2)新建建筑物距原有建筑物或道路的距离及各建筑物的朝向。

(3)新建建筑物的底层地面和室外地坪的绝对标高;地势变化较大的区域,总平面图中还应标出等高线。

2. 识图要点

(1)熟悉地段的地形、环境和道路布置。为正确分析建筑工程建设全过程,合理选择施工方案或对即将执行的施工方案有一个全面、正确的认识,并以此为确定建筑工程造价等工作奠定基础。

(2)熟悉各新建建筑物的室内外高差、道路标高、坡度及地面排水情况,为正确计算房心回填土、外墙面装饰等分项工程奠定基础。

(3)熟悉建筑物与管线走向关系,管线引入建筑物的具体位置,为正确地计算地沟工程和各类管道工程奠定基础。

建筑平面图

1. 建筑平面图的主要内容

(1)反映各承重构件的位置及房间大小的定位轴线，表明了建筑物的平面形状及各房间的布置和相互关系。

(2)入口、走廊、楼梯的位置，墙、柱的断面形状、位置及大小等。

(3)建筑物细部的形状及位置。

(4)门窗的布置、编号及门窗的开启方式。

(5)室内外各部分的平面尺寸，室内地面和楼面的相对标高。

(6)相关标注符号及说明。

2. 识图要点

(1)熟悉建筑物平面的形状、各房间、门厅、走廊、楼梯的位置、轴线尺寸及相关位置关系，统计分析建筑物中各层各类房间的规格及其相应的数量，统计分析各层中不同编号的门窗的规格及相应数量。

(2)熟悉承重构件，如墙、柱等的位置和布局特点，并统计分析出不同代号柱的数量及其相应的尺寸。

(3)熟悉建筑物细部的形状、位置及相应尺寸，如在底层平面图中的入口台阶、花坛、散水、明沟、雨水管等，在二层及以上楼层平面图中的入口处的雨篷、阳台等，在屋顶平面图中的屋面排水方向、坡度、分水线、雨水口及烟道出口的位置等，一般平面图应与剖面图及相应的详图对照着识读，对相应的细部构造形式和尺寸才能完整了解。

三 建筑立面图

1. 建筑立面图的主要内容

(1)建筑工程的外部形状及建筑细部的形式和位置。

(2)各部位的标高。

(3)外墙面的材料及装饰装修做法。

2. 建筑立面图识图的要点

(1)立面图和平面图对照着识读，明确不同立面图所表示的外墙空间位置和不同外墙之间的相对位置关系。

(2)与平面图对照着识读，熟悉外墙面上门窗的位置、形状、数量，熟悉雨篷、阳台、台阶、雨水管、水斗等细部结构或构造的形状和做法，熟悉建筑工程的勒脚、外墙面的装修做法及墙面分隔线等信息。

(3)熟悉室外地坪、底层地面、门窗洞、阳台、檐口、雨篷、屋顶等的标高。

四 建筑剖面图

1. 建筑剖面图的主要内容

(1)室内底层地面到屋顶的结构形式。

(2)各部分标高和高度方向尺寸、定位轴线及其尺寸。

(3)注写的有关文字及符号。

2. 建筑剖面图识读要点

(1)与平面图对照,熟悉建筑物内部分层情况及内外墙、门窗、楼梯段及楼梯平台、雨篷、阳台、檐口的空间位置和形状及细部尺寸。

(2)熟悉建筑剖面图所标出的主要部位的标高,如室外地坪、底层地面、各楼层面、楼梯平台、阳台、檐口、屋顶处的标高。熟悉剖面图所剖切到墙体的定位轴线编号及定位轴线之间的尺寸。

(3)熟悉剖面图中标注出的一些细部尺寸,如门窗洞口的位置及高度,阳台、雨篷、檐口的细部尺寸等。

五 建筑详图

1. 概念

由于建筑平、立、剖面图所用比例较小,建筑物中许多局部构造无法表示清楚。为了满足施工需要,将这些局部构造的形式、尺寸、材料及做法用较大的比例详细地绘制出来,所得到的图样称建筑详图。

建筑详图可以是建筑平、立、剖面图中的某一局部的放大图或剖视放大图,也可以是某一构件节点或某一构件的放大图。

2. 建筑详图的识读要点

要与相应的建筑平面图、立面图、剖面图相对照识读,熟悉局部构造的形式、尺寸、材料及做法。

第三节　结构施工图识图

一 结构施工图的主要内容

1. 结构设计说明

结构设计说明,主要包括工程概述,地基与基础及其他等说明,结构设计所采用的标准图和规范。

2. 结构布置平面图

结构布置平面图,主要包括基础平面布置图、楼层结构平面图、屋面结构平面图、圈梁布置平面图等。

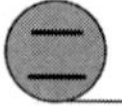

二 识读结构施工图应具备的基本知识

1. 结构施工图常用代号

结构施工图常用代号,如表1-1所示。

结构施工图常用代号表　　表1-1

序号	名称	代号	序号	名称	代号
1	板	B	3	空心板	KB
2	屋面板	WB	4	楼梯板	TB

续上表

序号	名称	代号	序号	名称	代号
5	盖板或沟盖板	GB	19	框支梁	KZL
6	檐口板	YB	20	屋面框架梁	WKL
7	墙板	QB	21	悬挑梁	XL
8	天沟板	TGB	22	屋架	WJ
9	梁	L	23	托架	TJ
10	屋面梁	WL	24	天窗架	CJ
11	吊车梁	DL	25	钢架	GJ
12	圈梁	QL	26	柱	Z
13	过梁	GL	27	框架柱	KZ
14	联系梁	LL	28	框支柱	KZZ
15	基础梁	JL	29	构造柱	GZ
16	楼梯梁	TL	30	剪力墙柱	QZ
17	框架梁	KL	31	雨篷	YP
18	边框梁	BKL	32	阳台	YT

2. 平法制图

1)概念

平法制图是钢筋混凝土结构施工图中“平面整体表示方法制图规则”的图示方法的简称,即把结构构件的尺寸和配筋等,按照平面整体表示方法制图规则,整体直接地表达在各类构件的结构平面布置图上,再与标准构造详图相配合,构成一套新型完整的结构设计图的图示方法。

按平法制图设计绘制的施工图,一般是由各类结构构件的平法施工图和标准构造详图两大部分构成,只有特殊情况下才需增加剖面配筋图。

2)平法制图表示方法

在平面布置图上表示各类构件尺寸和配筋的方式有平面注写方式、列表注写方式、截面注写方式三种表示方式。

一般柱与剪力墙的平法制图以施工图的列表方式或截面注写方式表达其相关规格和尺寸。梁的平法制图以施工图的平面注写方式或截面注写方式表达其相关规格和尺寸。

3)平法制图的特点

(1)简化了钢筋混凝土结构施工图的内容。

(2)平法制图的施工图,必须与相应的钢筋混凝土结构施工图《平面整体表示方法制图规则和构造详图》中的相应详图配套使用。

(3)梁的“集中标注”和“原位标注”是平法制图的突出特点。“集中标注”是从梁平面图的梁处引铅垂线至图的上方,注写梁的编号、跨数、挑梁类型、截面尺寸、箍筋直径、箍筋间距、箍筋肢数、通长筋的直径和根数、梁侧面纵向构造钢筋或受扭钢筋的直径和根数等。“原位标注”概括分两类:标注在柱子附近处,且在梁上方,是承受负弯矩的钢筋直径和根数,其钢筋布置在梁的上部;标注在梁中间且下方的钢筋,承受正弯矩,其钢筋布置在梁的下部。

三 基础施工图

1. 基础施工图的组成

基础施工图一般包括:基础平面图、基础断面图和说明三部分。

2. 基础施工图识图要点

(1)与建筑施工图的底层平面图对照,检查基础平面图中定位轴线编号和定位轴线之间的尺寸;熟悉各种墙或柱下的基础的类型,熟悉基础的材料及做法。

(2)根据基础平面图中基础断面图的剖切位置及其编号,逐一识读基础断面图;熟悉不同基础断面垫层的宽度和高度,大放脚的形式和尺寸;基础垫层的标高和室内外高差,分析计算基础的埋置深度;熟悉地圈梁的断面尺寸和地圈梁顶标高等细部构造和尺寸。

(3)一般识读基础施工图时,结合文字说明先读细部构造和尺寸,再读基础断面图,但在计算基础工程量时,先根据文字说明和基础断面图所示的基础材料及做法划分分部、分项工程项目,读取断面细部尺寸后,再到基础平面图上读取基础的长度尺寸或宽度尺寸。

四 楼层结构施工图和屋面结构施工图读识要点

楼层结构施工图和屋面结构施工图的结构布置和图示方法基本相同,故以楼层结构施工图为例加以说明。楼层结构平面图中的楼板有现浇和预制两种。

1. 预制楼层结构施工图

预制楼层结构施工图,一般包括结构平面布置图、剖面详图、构件统计表和说明四部分。这部分图与相应的建筑平面图及墙身详图关系密切,要对应配合识读。

1)结构平面布置图识读要点

熟悉构成楼层各种构件的类型及名称和编号,认真仔细识读各类构件的平面布置特点和定位轴线尺寸,了解各种构件和砖墙的相对位置关系,了解剖面详图的剖切位置和编号。

2)剖面详图识读要点

熟悉梁、板、墙、圈梁之间的连接关系和连接构造,结合构件统计表和说明,熟悉剖面详图中各种细部构造的材料及规格,施工要求及所选用的标准图,配合标准图集分析各种构件的配筋情况。

2. 现浇楼层结构施工图

现浇楼层结构施工图,一般包括结构平面布置图、剖面详图、钢筋表、说明书四部分。这部分图与相应的建筑平面图、墙身详图关系密切,应配合识读。

1)结构平面布置图读识要点

了解定位轴线网的布置,熟悉承重墙的布置方案及相关尺寸,熟悉梁、梁垫的布置和编号及其相应尺寸,结合文字说明、钢筋表仔细识读配置钢筋的规格、根数或相关问题等钢筋布置重要内容。

2)剖面详图识读要点

了解梁、板、墙、圈梁之间的连接关系和连接构造,结合结构平面布置图、钢筋表和文字说明,熟悉剖面详图中被剖切到构件的材料及做法、细部尺寸,熟悉剖面详图中各种钢筋的形状、细部尺寸,了解不同钢筋的相对空间位置。

第二章 建筑工程施工图预算实训

第一节 建筑工程施工图预算实训任务书

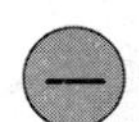

一 实训目的

通过建筑工程施工图预算编制实务训练,提高学生正确贯彻执行国家建设工程相关法律、法规,正确应用现行的建筑工程规范、标准图集等标准的基本技能;提高学生运用所学的专业理论知识解决具体问题的能力;使学生熟练掌握建筑工程施工图预算的编制方法和技巧,培养学生编制建筑工程施工图预算的专业技能。

二 实训内容

根据现行的预算定额、费用定额和指定的施工图设计文件等资料,手工编制一套土建施工图预算书。具体内容如下:

(1)列项目进行工程量计算。

(2)套预算定额确定直接工程费。

(3)工料分析和汇总。

(4)材料价差计算。

(5)取费分析计算工程造价。

(6)填写封面、整理装订成册。

三 实训要求

(1)按照指导教师要求的实训进度安排,分阶段独立完成实训内容。

(2)手工编制土建工程施工图预算的全部内容。

(3)学生在实训结束后,所完成的土建施工图预算必须满足以下标准:

①施工图预算的内容完整、正确。

②采用本教材统一的表格,规范填写施工图预算的各项内容,且字迹应工整、清晰。

③按规定的顺序装订整齐。

四 考核方式及成绩评定

根据学生对所学的专业理论知识的应用能力,独立思考问题和处理问题的能力,所完成土建工程施工图预算内容的质量及运用格式是否规范和书写是否工整、清晰,在实训期间的表现,将实训成绩评定为优、良、中、及格、不及格五个等级。

五 实训时间安排

实训时间安排如表2-1所示。

实训时间安排表　　表2-1

序　号	实 训 内 容	时　间
1	熟悉编制依据、列项目进行工程量计算	2.5天
2	套预算定额确定直接工程费	1天
3	工料分析和材料价差计算	1天
4	取费分析计算工程造价,填写封面,整理、装订	0.5天

第二节　建筑工程施工图预算实训指导书

一 编制依据

(1)施工图设计文件。

指导教师根据培养目标的要求,可在本章提供的检修车间施工图设计文件和与本书相配套的理论教材《建筑工程预算》一书中所附的办公楼施工图设计文件之中选择一套,作为实训的施工图设计文件。

(2)编制者所在地区现行的建筑工程预算定额和费用定额,及所在地区的人工、材料、机械台班单价。

(3)工程造价管理法规文件。

(4)建筑工程施工方案。

二 编制条件

(1)本工程位于某县县城内,与城市永久性道路相邻,交通条件便利,材料运输、机械进场较方便。

(2)该工程现场场地地势平坦,场地大小足以满足施工现场平面布置要求,施工现场“四通一平”准备工作已完成,符合开工条件。

(3)现场场地地下水位较低,施工时不考虑地下水排降的因素。

(4)建设单位提供备料款,施工单位按建设单位指定的建材品牌、质量标准自行购置各种建筑材料。

三 建筑工程施工方案

(1)土方全部采用机械开挖,土质符合回填要求。若需外运余土或取土,运距均取 3km。

(2)门窗均为外购成品,运距为 5km。

(3)钢筋混凝土制件均为工厂预制加工,运距为 5km。

(4)模板采用组合钢模板。

(5)脚手架采用钢管脚手架。

(6)垂直机械采用龙门架两台,并有小型水平运输机具配合。

(7)现浇钢筋混凝土构件的混凝土采用现场拌和方式,混凝土搅拌机械为 350L 双锥反转出料混凝土搅拌机,砂浆采用现场拌和方式,砂浆搅拌机械为 200L 砂浆搅拌机。

四 编制步骤和方法

1. 列项目进行工程量计算

1)遵循的一般原则

(1)项目划分应与现行预算定额的项目口径一致

只有当所列的分项工程项目与现行预算定额中分项工程项目一致时,才便于正确使用定额的各项指标;尤其是定额子目中综合了其他分项工程时,若项目划分与现行定额的项目不一致则会导致重复列项。

(2)计算工程量的计算单位与现行预算定额的计量单位一致

不同分项工程的计量单位不同,所以计算工程量时所选用的单位应与预算定额的相应项目单位相同。另外,还应注意预算定额中许多定额项目是扩大单位(即在基本单位上扩大 10 倍,或扩大 100 倍,或扩大 1000 倍),工程量汇总时应按扩大单位汇总。

(3)工程量计算规则必须与现行预算定额的计算规则一致

计算工程量时,应严格执行预算定额各章工程量计算规则的相关规定说明,按规定的计算范围和方法读取计算数据,并按计算规则规定进行扣减或增加,这样才能保证工程量计算方法正确。

(4)列项目和工程量计算必须与施工图设计的内容一致

列项目和计算工程量时,必须严格按照施工图纸进行,不得漏项或重复列项,更不得改变设计标准列项,也不能重复计算或漏算,这样才能保证数据计算正确、列项目齐全准确。

2)项目划分常用的顺序

为保证项目划分不漏项或不重复列项,保证项目划分准确齐全,应按一定顺序进行项目划分,其常用的顺序有以下四种。

(1)按施工顺序列项目

按施工顺序列项目,即按照建筑工程的建造生产工艺的顺序来列项目,一般适用于有一定生产经验且对各种建筑工程建造的生产过程非常熟悉的工程造价人员。

(2)按预算定额顺序列项目

按预算定额顺序列项目,即按预算定额各章节的先后顺序,从第一章开始到最后一章逐章梳理,发现定额项目与施工图设计内容一致者或相近者,就列出该项目。一般定额项目与施工图设计内容一致者可直接套定额,相近者应按定额规定换算后套用。该方法适用于初学者。

(3)按图纸顺序列项目

以施工图为主线,对应预算定额项目,施工图翻看完,分项工程项目也划分完毕。

(4)按统筹法工程量计算的顺序列项目

以"三线一面"即外墙外边线、外墙中心线、内墙净长线、底层的建筑面积为主线进行项目划分。一般适用于熟练、有经验的工程造价人员。

3)工程量计算顺序

(1)按顺时针的顺序

这种方法是从平面图纸的左上角开始,按顺时针方向环绕一周,再回到左上角。此方法适用于平面布置较整齐规律的建筑工程。

(2)按先横后竖、先上后下、先左后右的顺序

这种方法适用于平面布置较为复杂的建筑工程。计算其土方工程、基础工程、砌筑工程等的工程量计算。

(3)按构件分类和编号顺序计算

这种方法适用于混凝土和钢筋混凝土构件、门窗等构件的工程量计算。

通常在一个单位工程施工图预算的工程量计算中,上述计算顺序可结合起来灵活使用。

4)工程量计算

按照现行预算定额的工程量计算规则的规定,结合设计文件内容,正确计算工程量并将结果填入表2-2、表2-3中。

工程量计算表 表2-2

定额编号	项目名称	计算式	计量单位	工程数量	备注

钢筋计算表 表2-3

构件名称	构件数量	直径类别	计算简图	单根钢筋设计长度(m)	钢筋根数	总长度(m)	质量(kg)

2. 套预算定额确定直接工程费

预算定额的使用方法有预算定额的直接套用和预算定额的换算两种。

1)预算定额的直接套用

当施工图纸的设计要求、内容与预算定额项目内容完全一致时,可以直接套用预算定额。

2)预算定额的换算

(1)预算定额乘系数的换算

这类换算是根据预算定额章说明或附注的规定,对定额子目的消耗量乘以规定的换算系数,从而确定新的定额消耗量。

换算后的定额基价 = 换算前的定额基价 × 换算系数

(2)利用定额的附属子目换算

预算定额为了体现定额的简明实用原则,常常设置一些附属子目,提供一个简捷换算的平台。这样,一方面大大压缩了定额项目表的数量,另一方面使定额换算更方便。

换算后定额基价 = 换算前主子目定额基价 ± 附属子目定额基价 × 附属子目执行次数

(3)定额基价的换算

预算定额如果包含预算定额基价时,常常因为图纸中的材料与定额不一致,而施工技术和工艺没有变化而发生换算,如砂浆强度等级与定额不符、混凝土强度等级与定额不符等这类换算均属于定额基价的换算,其换算方法为:

换算后的定额基价 = 换算前的定额基价 +(换入材料的单价 - 换出材料的单价)× 定额的材料用量

3)确定直接工程费

将分项工程项目名称和工程数量填入表 2-4,并将所查得的定额编号、定额单位、定额基价及人工费分别填入表 2-4 中。

分项工程合价 = 分项工程量 × 分项工程的定额基价

分项工程人工费合价 = 分项工程量 × 分项工程定额人工费

施工图预算表 表 2-4

序号	定额编号	项目名称	计量单位	工程数量	单价(元)	合价(元)	其中:人工费	
							单价(元)	合价(元)

3. 工料分析和汇总

工料分析的过程实质是套定额。套定额时不是套定额基价,而是套定额的人工、材料、机械台班消耗指标,分析分项工程的人工、材料、机械台班消耗量。

1)人工工日分析及汇总

分项工程人工工日 = 分项工程量 × 分项工程定额用量

$$单位工程人工工日 = \sum_{i=1}^{n}(分项工程人工工日)_i$$

2)材料用量分析及汇总

$$分项工程各项材料用量 = 分项工程量 \times 分项工程定额各项材料用量$$

$$单位工程各项材料用量 = \sum_{i=1}^{n}(分项工程各项材料用量)_i$$

3)机械台班用量分析及汇总

$$分项工程机械台班使用量 = 分项工程量 \times 分项工程定额机械台班使用量$$

$$单位工程各项机械用量 = \sum_{i=1}^{n}(分项工程机械台班使用量)_i$$

将分项工程项目名称和工程数量填入表2-5中,并将所查得的定额编号、定额单位、定额人工、材料、机械台班消耗指标分别填入表2-5中,并进行分项工程的人工、材料、机械台班消耗量计算,将所有的分项工程计算完并汇总得出单位工程工料分析结果。

单位工程工料分析表 表2-5

序号	定额编号	项目名称	计量单位	工程数量	人工(工日)		*		*		*	
					定额	数量	定额	数量	定额	数量	定额	数量

注:*代表所分析的材料或机械名称。

4. 材料差价计算

将表2-5中汇总的各种材料名称和数量填入表2-6中,进行材料差价的计算。

$$材料差价 = (材料市场价 - 材料预算价) \times 材料用量$$

材料价差计算表 表2-6

序号	材料名称	计量单位	工程数量	市场单价	预算单价	差价

5. 取费分析计算工程造价

依据费用定额规定的取费程序和费率标准,以及工程造价管理的法规文件计算含税工程造价,将计算结果填入表2-7中。

建筑工程费用计算表 表2-7

序号	费用名称	费率	计算公式	金额(元)	备注

五 装订顺序

自上而下：

封面→编制说明→建筑工程费用计算表→施工图预算表→材料价差计算表→单位工程工料分析表→工程量计算表→钢筋计算表→封底。

第三节　检修车间施工图设计文件

一 建筑设计说明

(1)本建筑工程为检修车间，局部二层。室内地坪相对标高 ±0.000，相当于绝对标高 +305.55m，室内外高差为 0.450m。

(2)未注明厚度的墙，其厚度尺寸均为 240mm。

(3)现浇屋面板板厚均为 120mm，板内未注明分布筋规格者，其分布筋均为 ϕ6@200。

(4)天棚做法：素水泥浆（掺建筑胶）一道；5mm 厚 1:3 水泥砂浆；5mm 厚 1:2.5 水泥砂浆；刮腻子；刷乳胶漆三遍。

(5)卫生间墙面做法：12mm 厚 1:3 水泥砂浆打底；6mm 厚 1:2 水泥砂浆找平；4mm 厚聚合物水泥砂浆，贴浅色 300mm×300mm 瓷砖。

(6)其余房间内墙面做法：10mm 厚 1:3:9 水泥石灰砂浆；6mm 厚 1:3 石灰砂浆；2mm 厚纸筋石灰浆罩面；刮腻子；刷乳胶漆三遍。

(7)底层地面做法：100mm 厚 3:7 灰土；100mm 厚 C15 混凝土垫层；素水泥浆一遍；20mm 厚 1:2.5 水泥砂浆压实赶光。

(8)楼层地面做法：钢筋混凝土楼板；素水泥浆一道；20mm 厚 1:2.5 水泥砂浆压实赶光。

(9)室外台阶做法：素土夯实；200 厚 3:7 灰土；80mm 厚 C15 混凝土（厚度不包括踏步三角部分）；素水泥浆一道；20mm 厚 1:2.5 水泥砂浆压实赶光。

(10)散水做法：素土夯实；100mm 厚 3:7 灰土（宽出面层 300mm）；60mm 厚 C15 混凝土，加浆一次抹光。

(11)外墙面做法：12mm 厚 1:3 水泥砂浆打底；10mm 厚 1:2 水泥砂浆抹灰；刷外墙涂料三遍。

(12)屋面做法：20mm 厚 1:3 水泥砂浆；冷底子油一道；热沥青二道隔气层；现浇 1:6 水泥焦渣找坡层（最薄处 30mm）；200mm 厚干铺憎水珍珠岩保温层；20mm 厚 1:3 水泥砂浆找平层；3mm 厚（热熔法）APP 卷材防水层，上卷高 300mm。

(13)钢窗油漆：防锈漆一遍；调和漆一遍。

(14)外露铁件油漆：防锈漆一遍；刷银粉两遍。

(15)木门油漆：刮腻子，打光；底油一遍；调和漆两遍。

(16)施工时应严格按现行设计、施工规范、规程执行。

门窗明细表见表 2-8。

门 窗 明 细 表　　表 2-8

类　别	编　号	名　称	洞口尺寸(宽×高)(mm×mm)	数　量
窗	C-1	组合钢窗	3600×3000	6
	C-2	塑钢平开窗	1800×1800	17
	C-3	组合塑钢窗	1800×1800	2
	C-4	组合塑钢窗	2100×1800	4
	C-5	塑钢平开窗	1500×1800	2
门	M-1	不锈钢夹芯板大门	3000×3300	2
	M-2	无亮双面三合板门	1200×2100	4
	M-3	无亮双面三合板门	1000×2100	6
	M-4	塑钢门	1500×2400	3

二 结构设计说明

(1)本工程结构形式为排架结构,局部二层采用砖混结构,在维修间内设起重量为 10t 的单梁桥式吊车。

(2)本工程抗震设防烈度为七级,设计基本地震加速度值为 0.15g。

(3)材料:排架部分基础、柱、梁混凝土为 C30;其余圈梁、构造柱及未注明者混凝土为 C25;垫层混凝土为 C10。排架部分 ±0.000 以下采用 MU10 黏土实心砖,M5 水泥砂浆砌筑;±0.000 以上山墙采用 MU10 承重黏土空心砖,M5 混合砂浆砌筑;±0.000 以上其他墙采用 MU10 非承重黏土空心砖(空洞≥40%),M5 混合砂浆砌筑。砖混部分 ±0.000 以下采用 MU5 实心黏土砖,M7.5 水泥砂浆砌筑;±0.000 以上采用 MU5 承重空心砖,M7.5 混合砂浆砌筑。

(4)施工时,如遇到建筑门窗过梁与柱拉筋、门窗预埋件或预留孔、柱梁与墙体的拉筋以及工艺专业的预埋管线、埋件、留孔等情况,必须密切配合建筑暖通电气、给排水等专业有关图纸施工。

(5)梁、柱构件箍筋加密区长度按 03G101-1 中规定确定。

(6)套用图集参见表 2-9 所示。本设计图中节点详图和构造详图仅供参考,请使用者自行按当地相对应的标准图集选定。

(7)施工时应严格按现行设计及施工规范、规程执行。

套用图集一览表　　表 2-9

序　号	图 集 编 号	图 集 名 称	备　注
1	02J201,99(03)J201-1	平屋面建筑构造(一)	国标
2	03J611-4	铝合金、彩钢、不锈钢夹芯板大门	国标
3	02J401	钢梯	国标
4	03G322-2	钢筋混凝土过梁(烧结多空砖砌体)	国标
5	03G101-1	混凝土结构施工图平面整体表示方法制图规则和构造详图	国标
6	03SG520-1~2	钢吊车梁	国标
7	04G353-6	钢筋混凝土屋面梁	国标
8	G410-1,3~4	1.5m×6.0m 预应力混凝土屋面板	国标

三 检修车间设计图

检修车间设计图如图 2-1~图 2-18 所示。

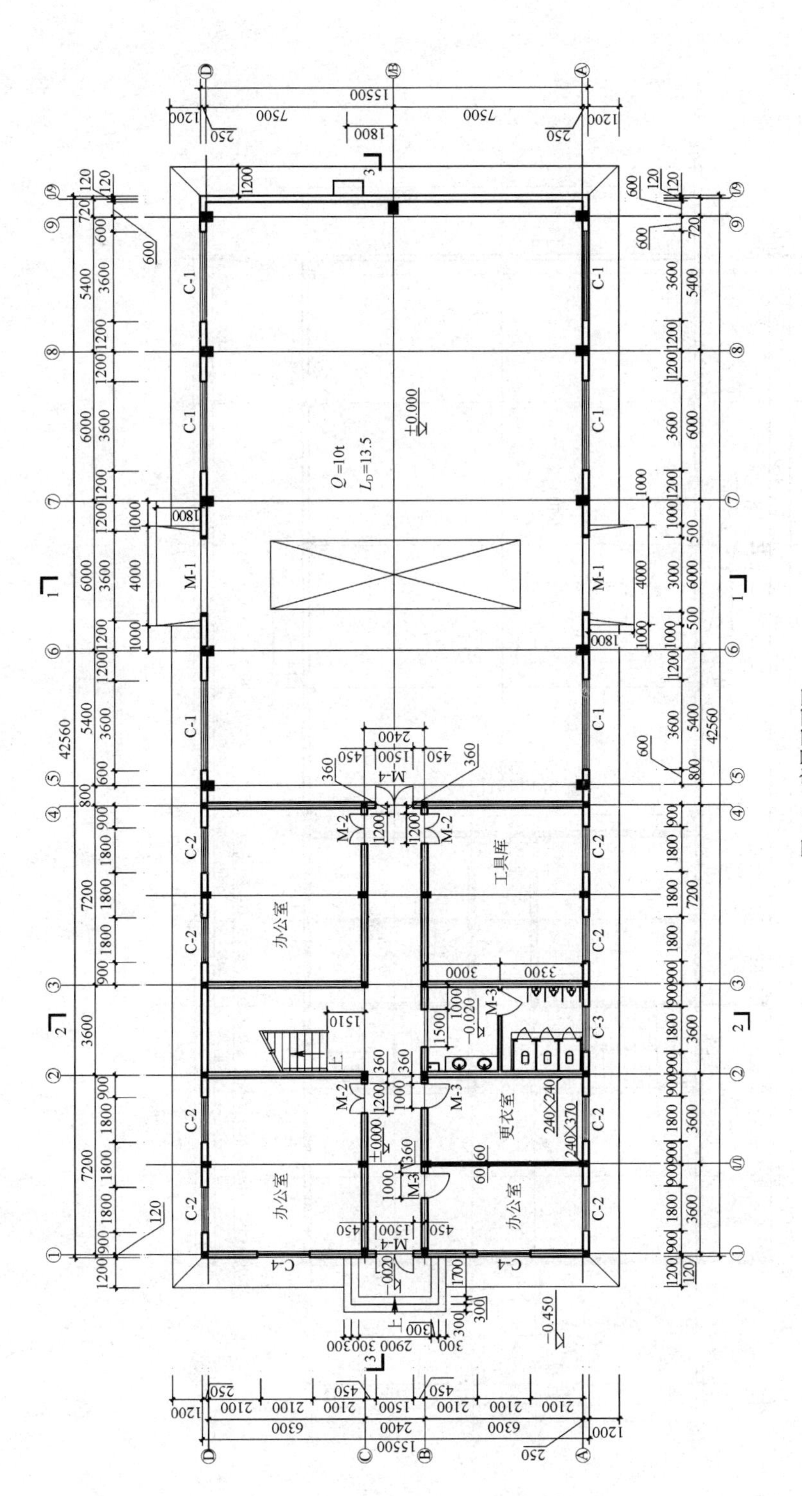
办公室
工具库
更衣室
C-1
C-2
C-3
C-4
M-1
M-2
M-3
M-4
Q=10t
L_D=13.5
±0.000
-0.450
42560
15500

图 2-1 底层平面图

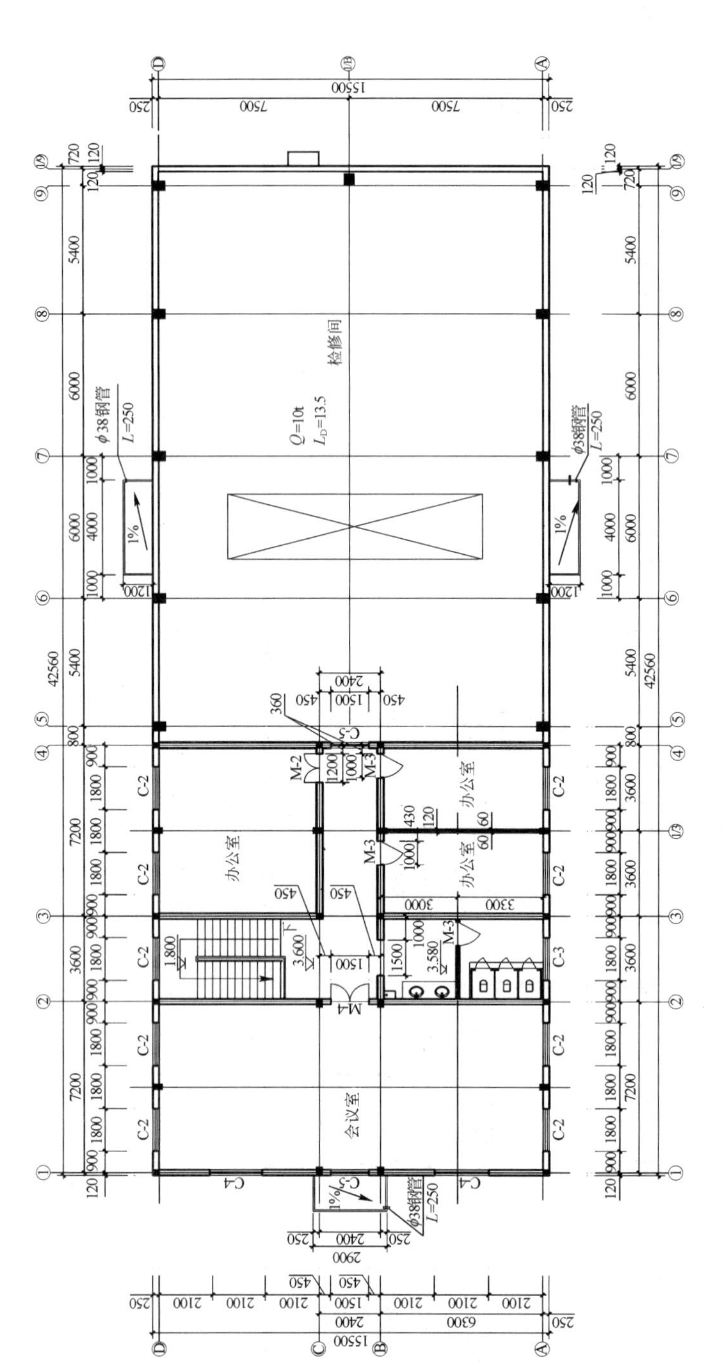

图2-2　二层平面图

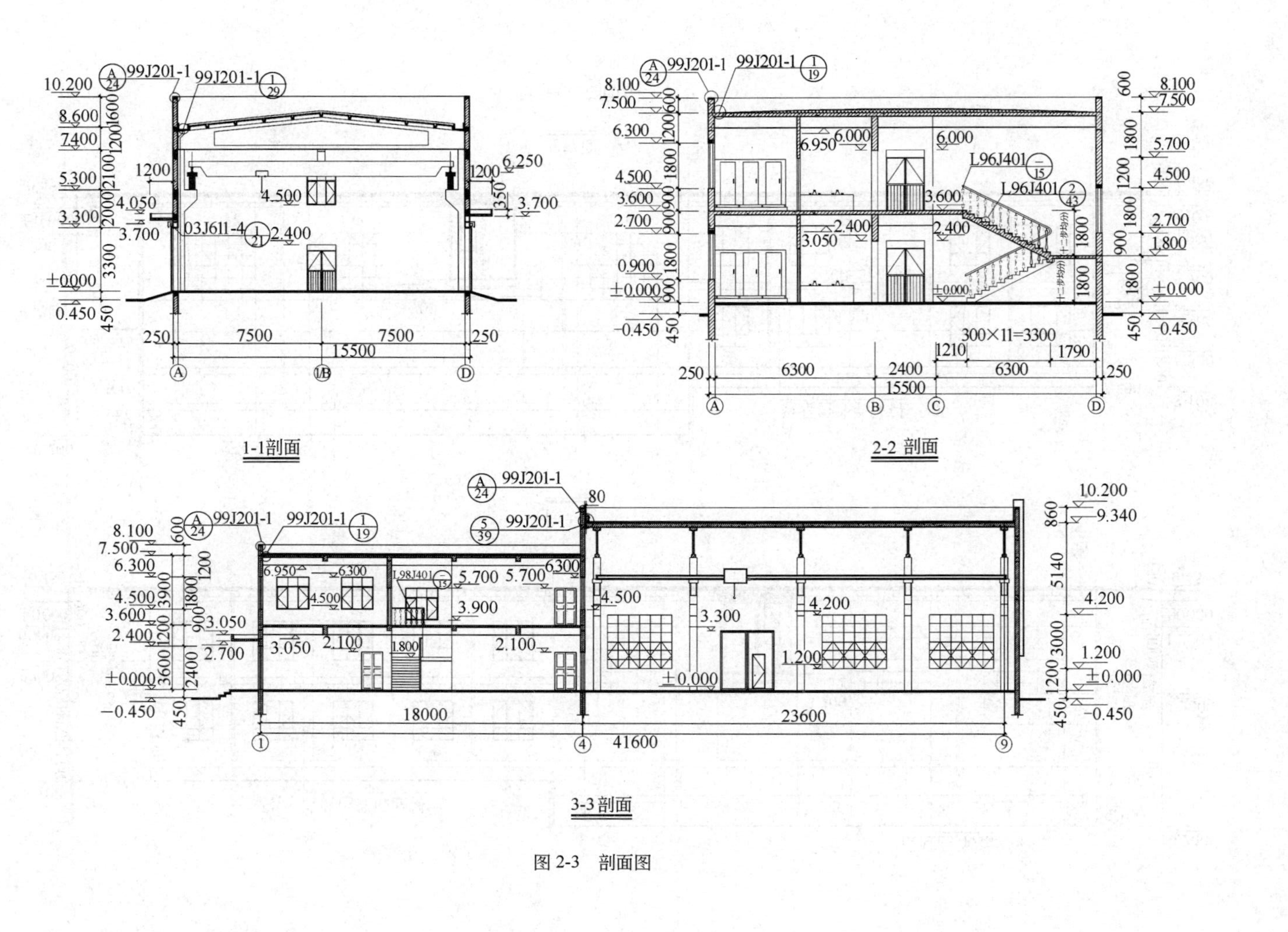

图 2-3 剖面图

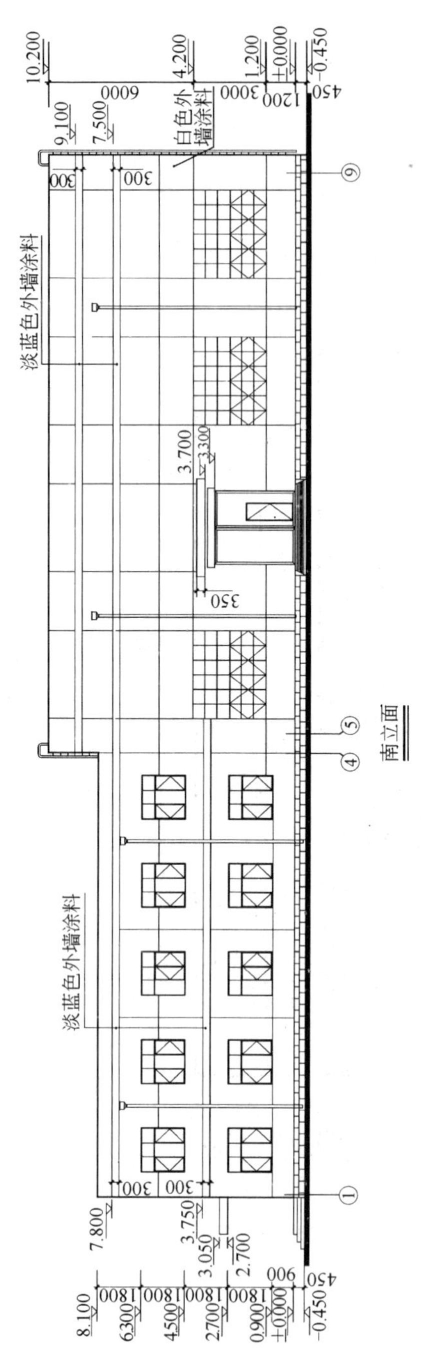
南立面
淡蓝色外墙涂料
淡蓝色外墙涂料
白色外墙涂料
10.200
9.100
7.800
7.500
4.200
3.750
3.700
3.300
3.050
2.700
1.200
±0.000
-0.450
8.100
6.300
4.500
2.700
0.900
6000
3000
1200
450
1800
900
300
350

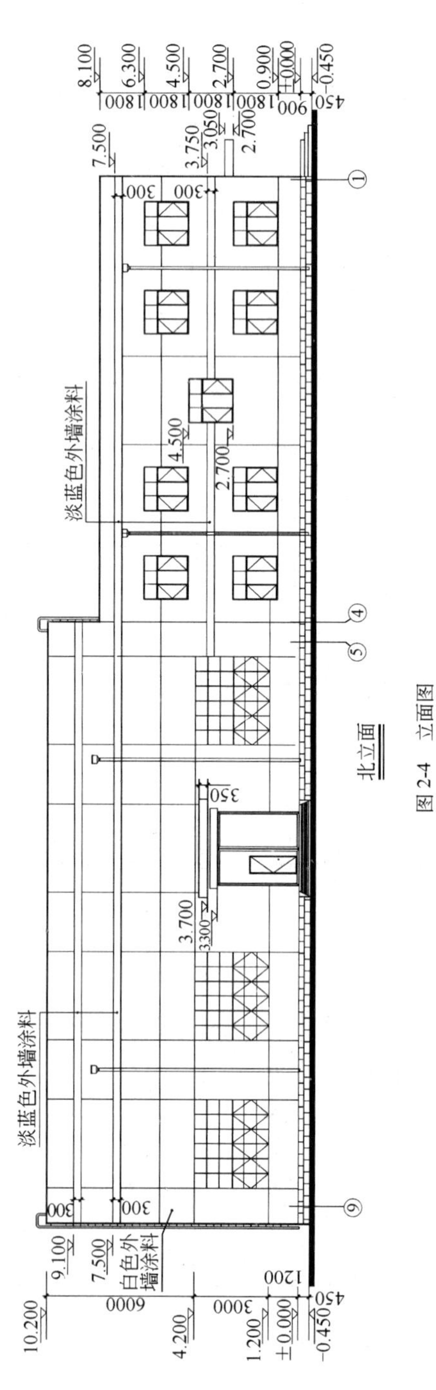
北立面
淡蓝色外墙涂料
淡蓝色外墙涂料
白色外墙涂料
8.100
6.300
4.500
2.700
0.900
±0.000
-0.450
7.500
3.750
3.050
2.700
4.500
3.700
3300
10.200
9.100
4.200
1.200
6000
3000
1200
450
1800
900
300
350

图 2-4　立面图

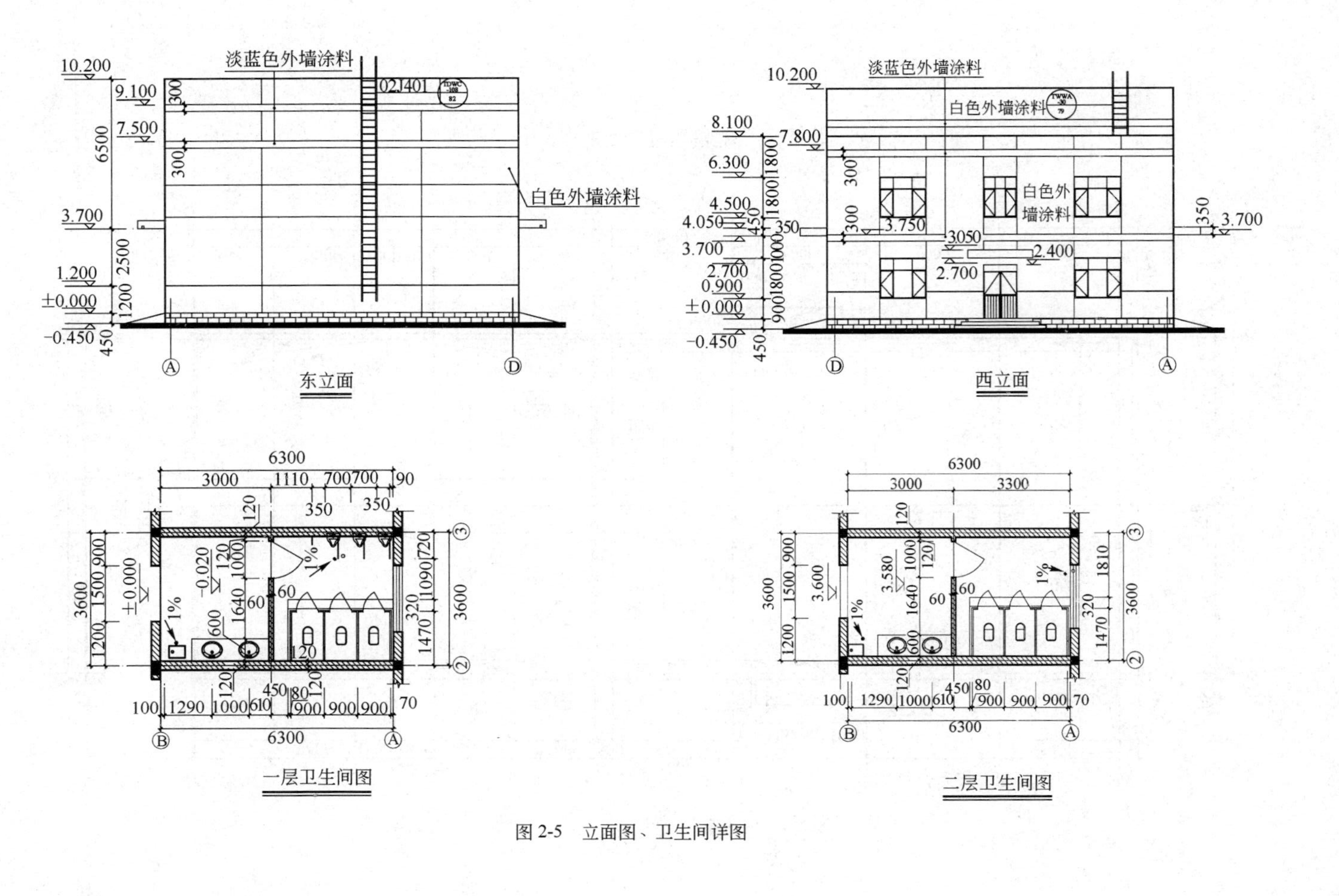

图 2-5　立面图、卫生间详图

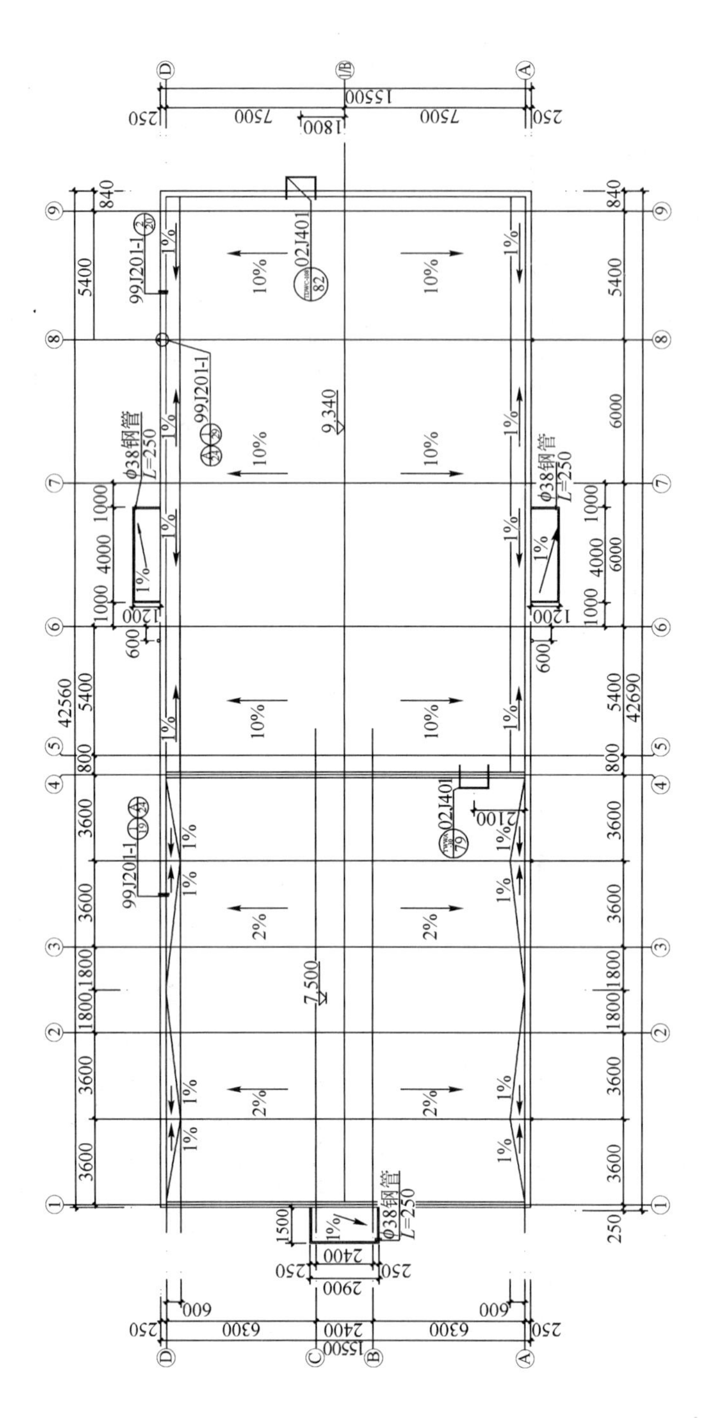
15500
7500
7500
1800
250
02J401
99J201-1
99J201-1
9.340
7.500
10%
2%
1%
Φ38钢管
L=250
42560
42690
5400
6000
4000
1000
1200
600
800
3600
1800
840
2100
2400
2900
1500
6300
2400
15500
600
250

图2-6 屋顶平面图

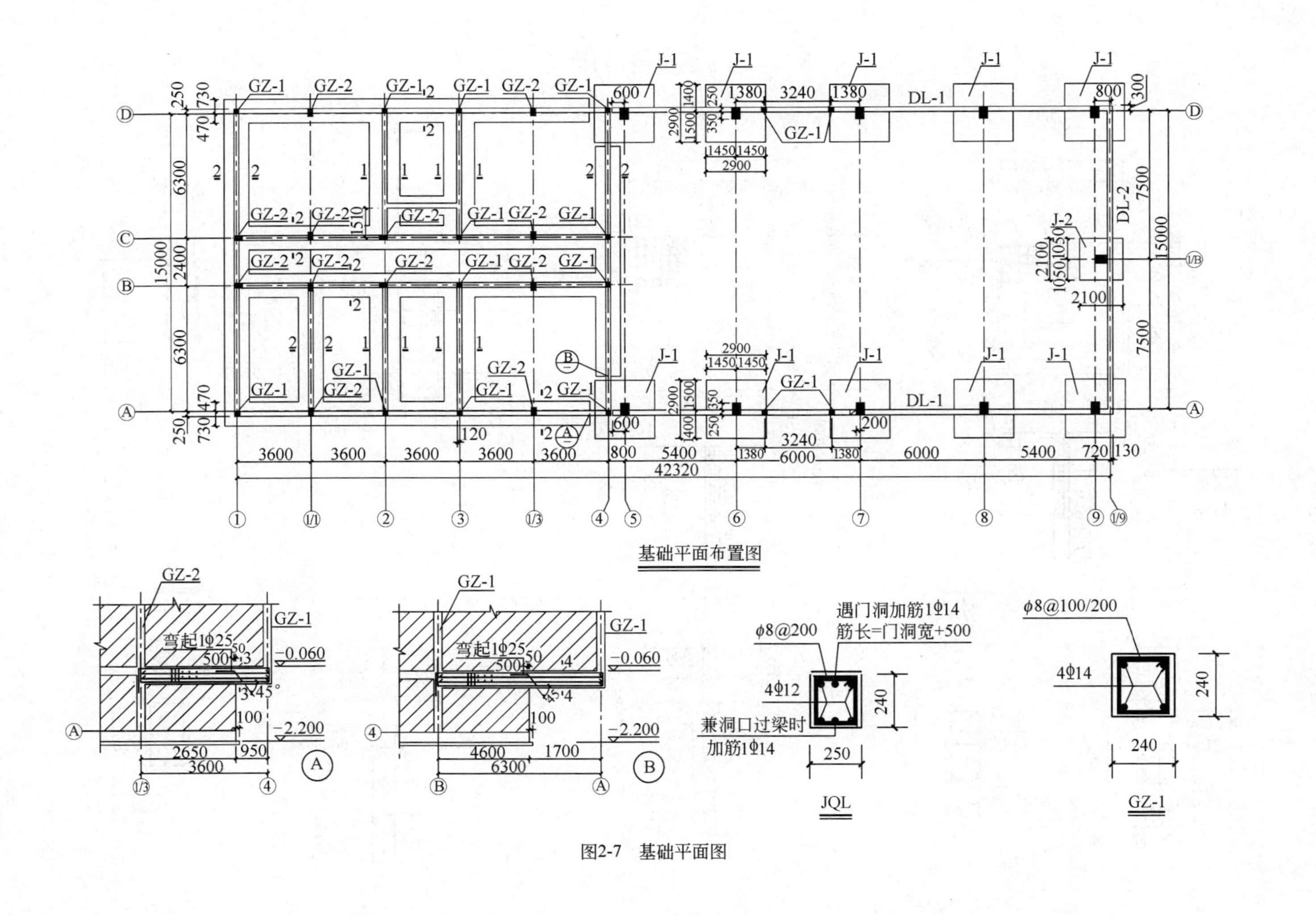

基础平面布置图
J-1
J-2
DL-1
DL-2
GZ-1
GZ-2
42320
15000
弯起1Φ25
−0.060
−2.200
遇门洞加筋1Φ14
筋长=门洞宽+500
φ8@200
4Φ12
兼洞口过梁时
加筋1Φ14
JQL
φ8@100/200
4Φ14
GZ-1

图2-7 基础平面图

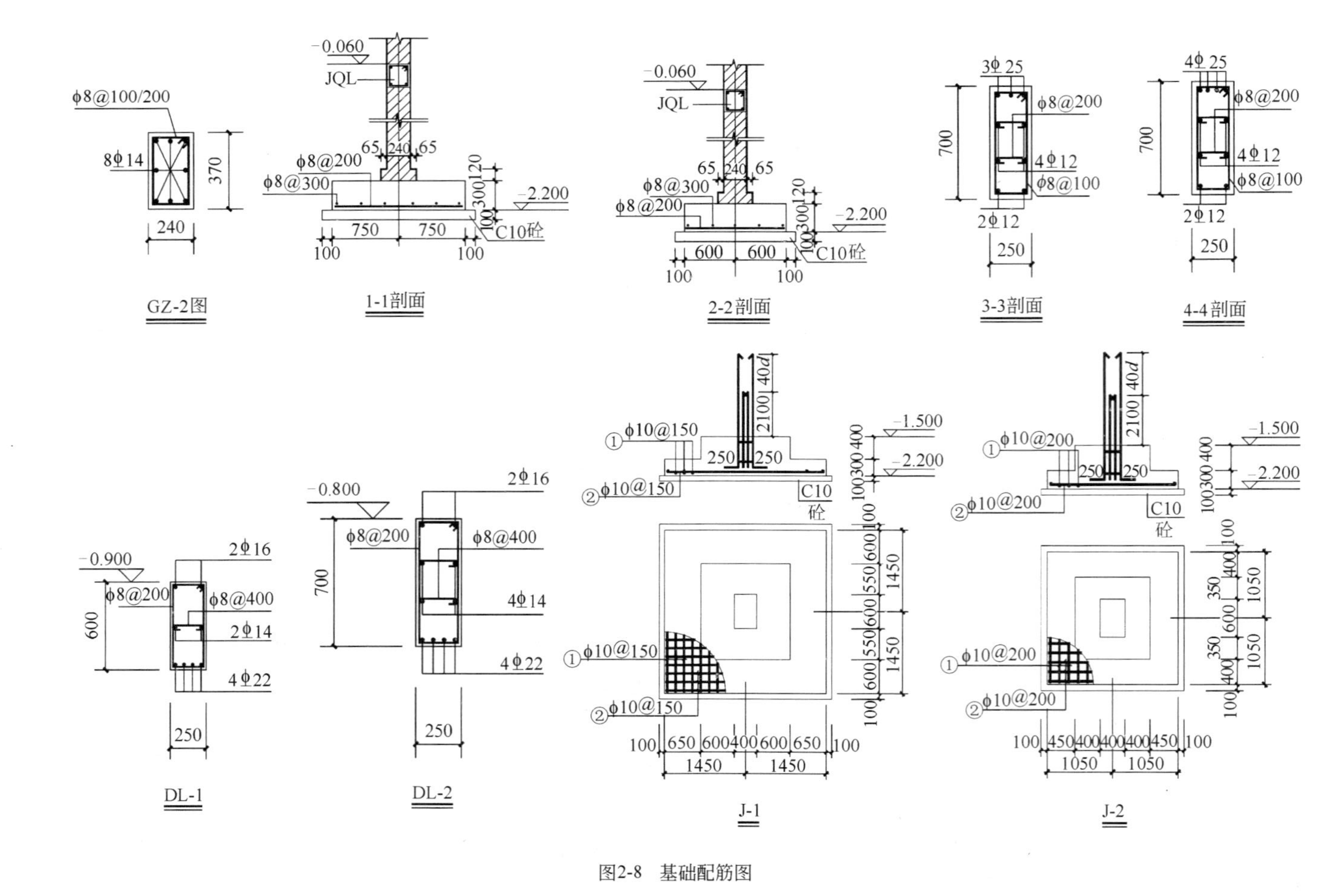
GZ-2图
1-1剖面
2-2剖面
3-3剖面
4-4剖面
DL-1
DL-2
J-1
J-2
JQL
C10砼
ϕ8@100/200
8ϕ14
3ϕ25
4ϕ25
4ϕ12
2ϕ12
ϕ8@200
ϕ8@100
ϕ8@300
ϕ8@400
2ϕ16
2ϕ14
4ϕ14
4ϕ22
ϕ10@150
ϕ10@200
-0.060
-0.800
-0.900
-1.500
-2.200

图2-8 基础配筋图

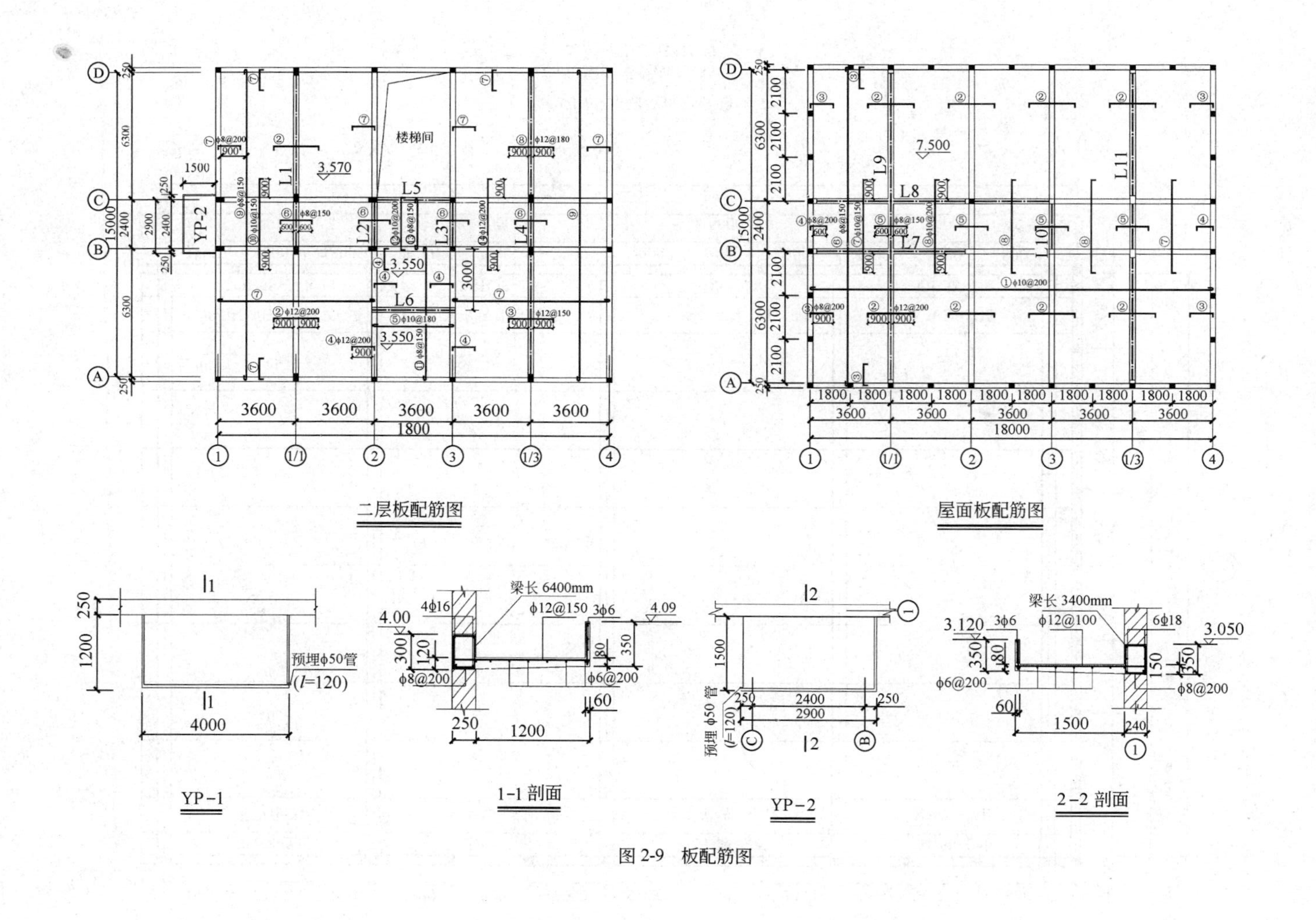

二层板配筋图
屋面板配筋图
楼梯间
3.570
3.550
7.500
L1
L2
L3
L4
L5
L6
L7
L8
L9
L10
L11
YP-2
15000
6300
2400
2100
1800
3600
18000
1500
2900
250
3000
900
600
ϕ8@200
ϕ8@150
ϕ10@150
ϕ10@200
ϕ12@200
ϕ12@180
ϕ12@150
ϕ10@180
YP-1
4000
1200
预埋ϕ50管
(l=120)
1-1 剖面
梁长 6400mm
4ϕ16
ϕ12@150
3ϕ6
4.00
4.09
300
120
80
350
ϕ8@200
ϕ6@200
60
YP-2
预埋ϕ50管
2-2 剖面
梁长 3400mm
3.120
3.050
6ϕ18
ϕ12@100
240
150

图 2-9　板配筋图

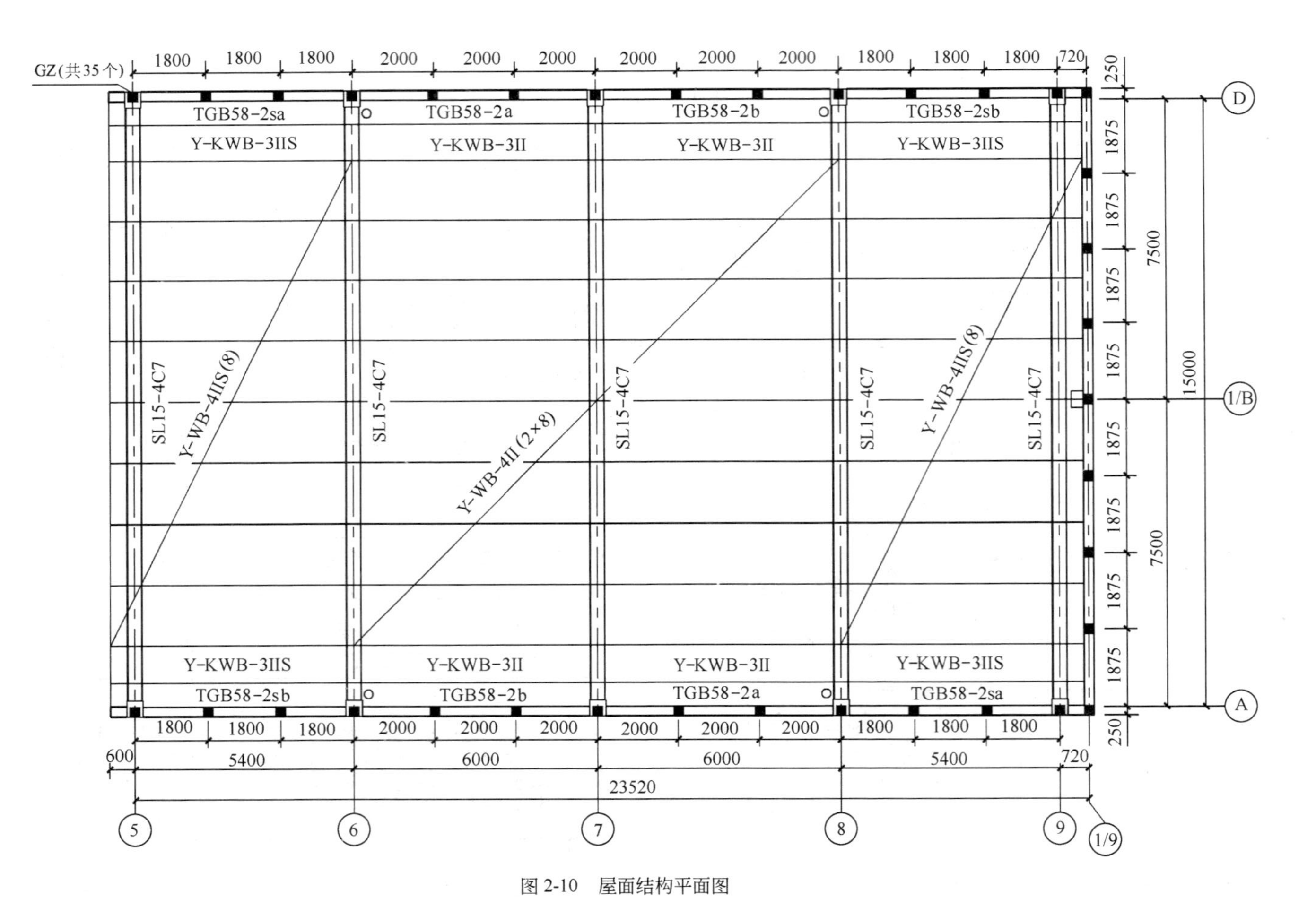

图 2-10　屋面结构平面图

注：1. 屋面梁见04G353-6。
2. 屋面板见 G410-1、3~4。

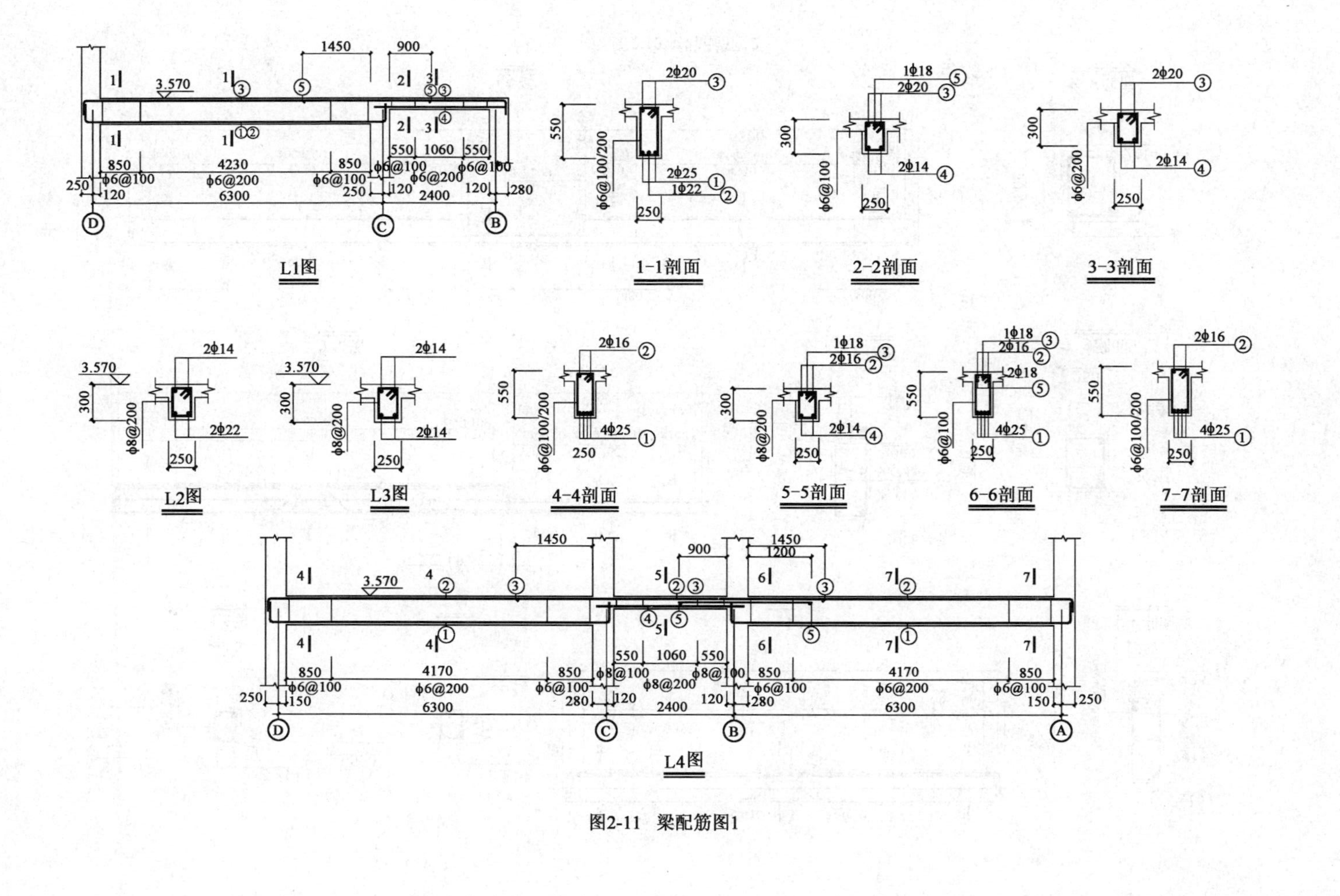

图2-11 梁配筋图1

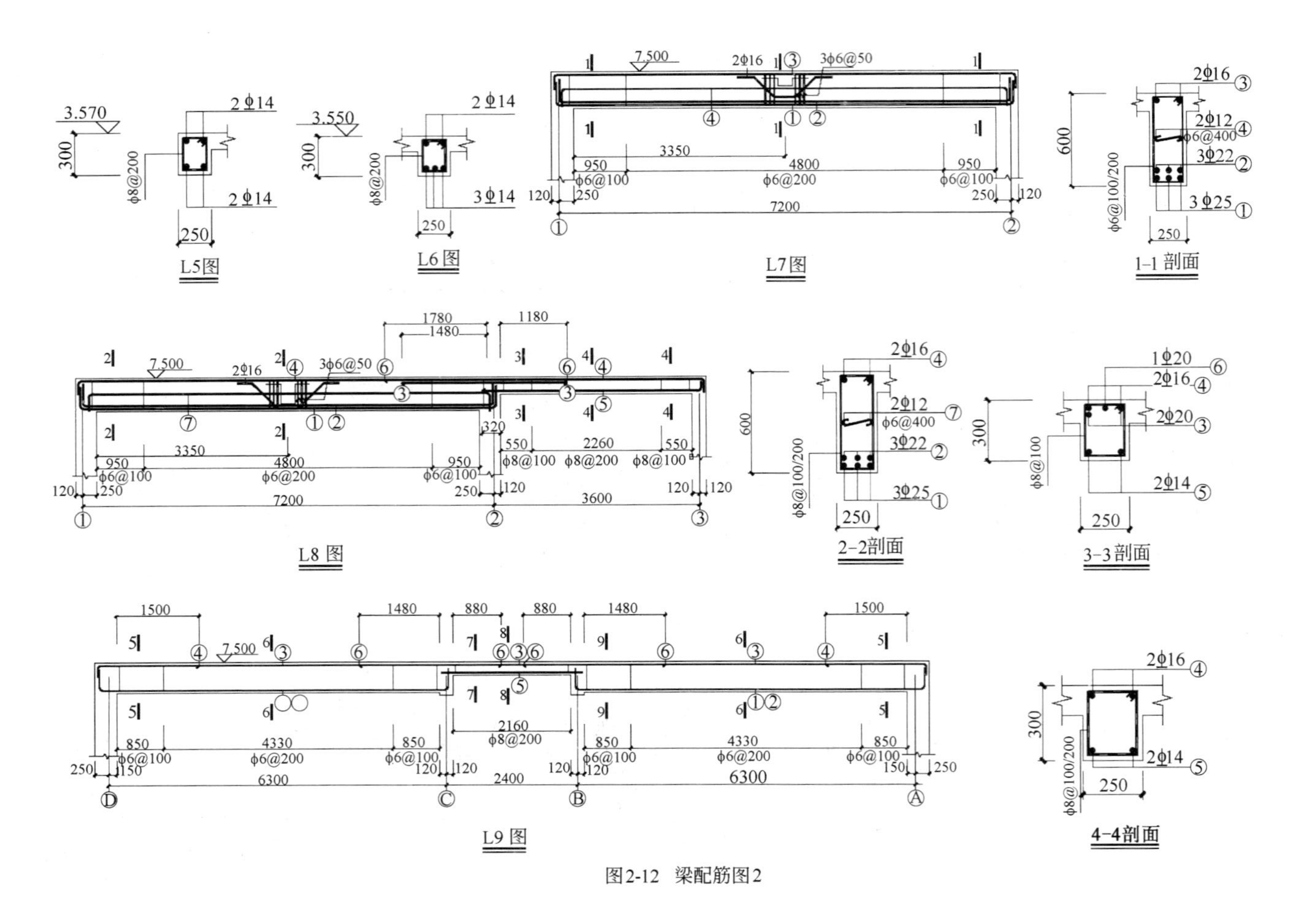

图2-12 梁配筋图2

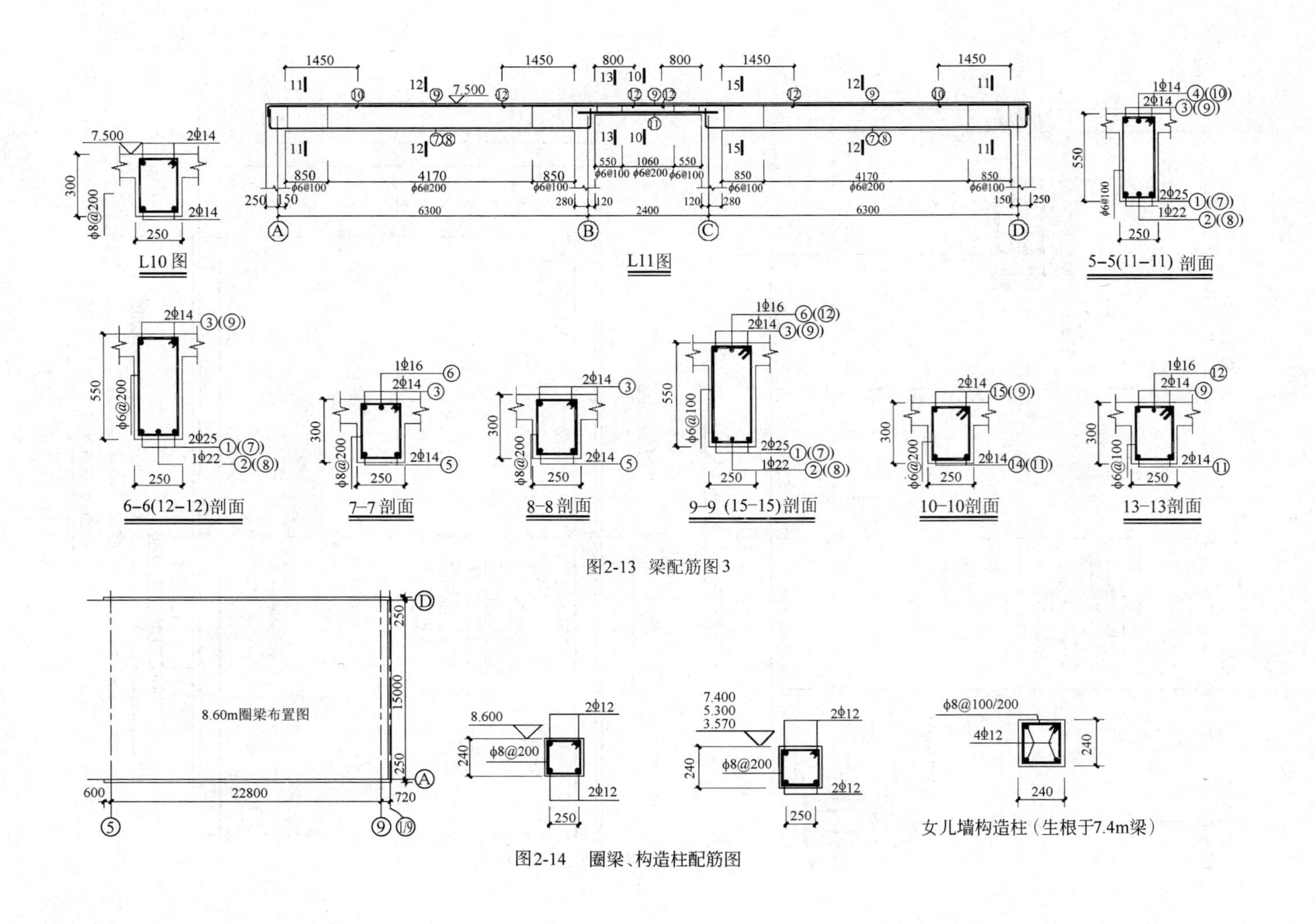

图2-13 梁配筋图3

图2-14 圈梁、构造柱配筋图

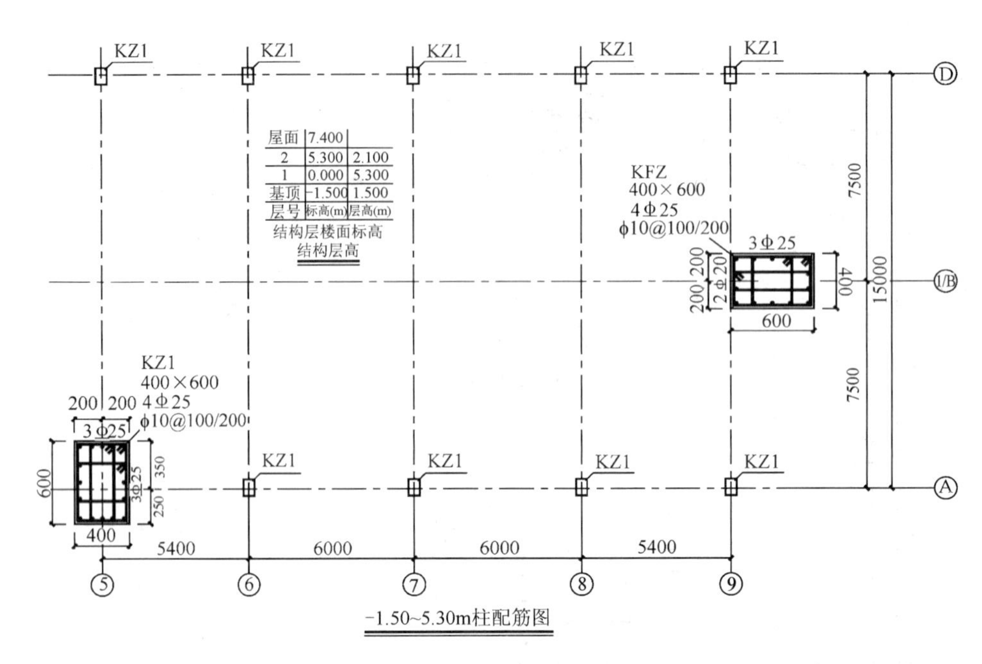

-1.50~5.30m柱配筋图

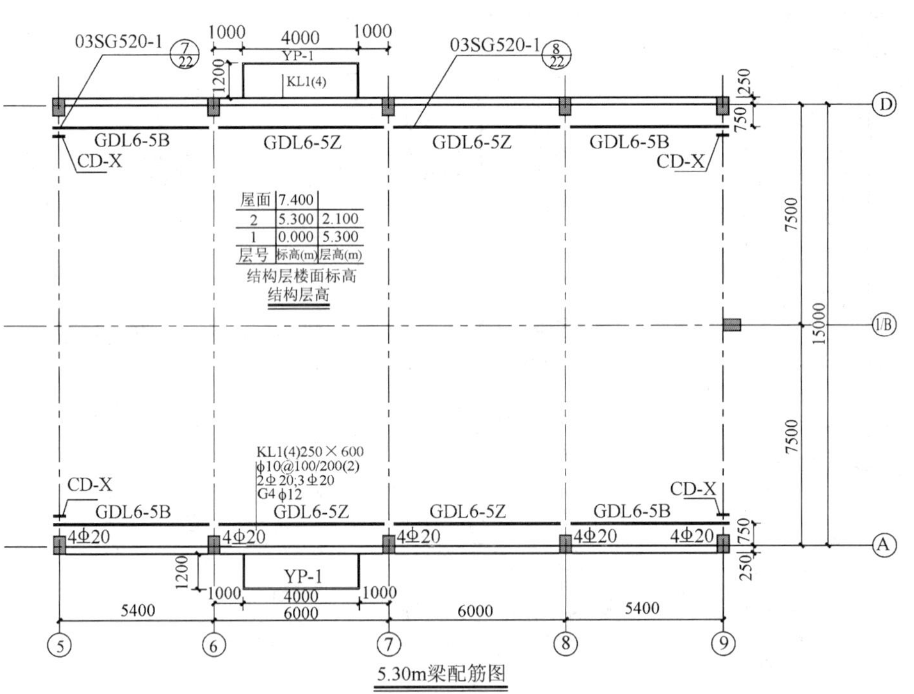

5.30m梁配筋图

图2-15 柱、梁配筋图1

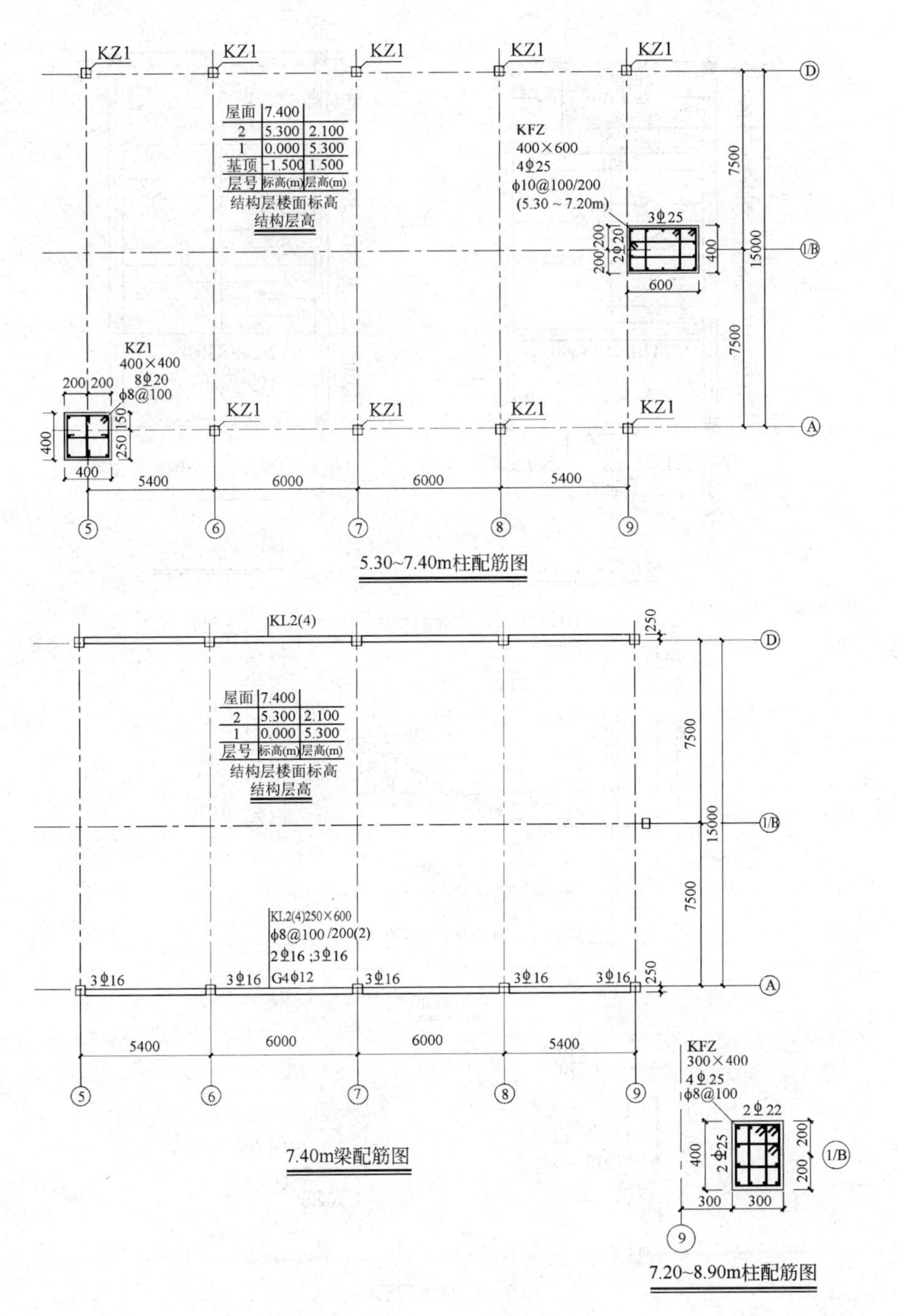
KZ1
屋面 7.400
2 5.300 2.100
1 0.000 5.300
基顶 -1.500 1.500
层号 标高(m) 层高(m)
结构层楼面标高
结构层高
KFZ
400×600
4Φ25
ϕ10@100/200
(5.30～7.20m)
3Φ25
2Φ20
KZ1
400×400
8Φ20
ϕ8@100
5400
6000
6000
5400
7500
15000
5.30~7.40m柱配筋图
KL2(4)
屋面 7.400
2 5.300 2.100
1 0.000 5.300
层号 标高(m) 层高(m)
结构层楼面标高
结构层高
KL2(4)250×600
ϕ8@100/200(2)
2Φ16;3Φ16
G4ϕ12
3Φ16
KFZ
300×400
4Φ25
ϕ8@100
2Φ22
2Φ25
7.40m梁配筋图
7.20~8.90m柱配筋图

图 2-16 柱、梁配筋图 2

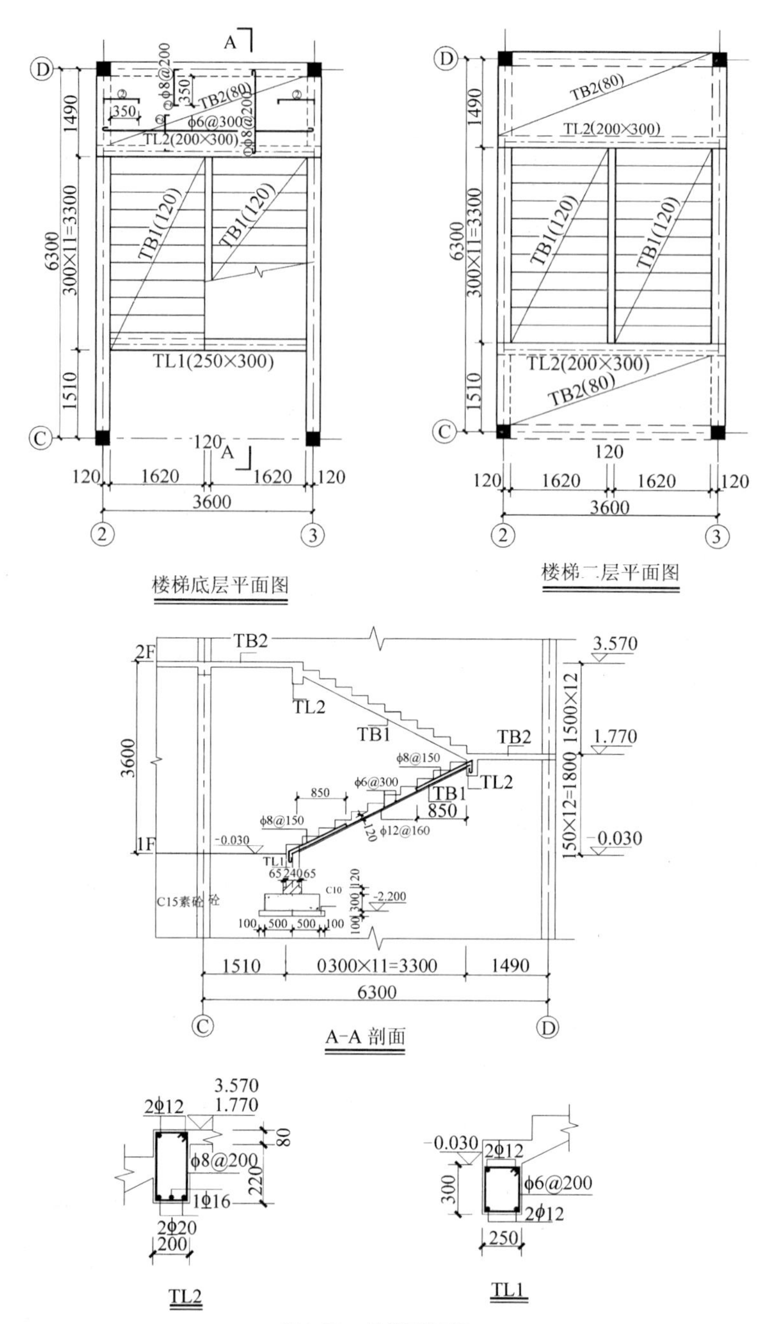
楼梯底层平面图
楼梯二层平面图
A-A 剖面
TL2
TL1
TB1(120)
TB2(80)
TL1(250×300)
TL2(200×300)
300×11=3300
6300
3600
1620
120
1490
1510
3.570
1.770
-0.030
-2.200
C15素砼
2φ12
φ8@200
1φ16
2φ20
φ6@200
φ6@300
φ8@150
φ12@160
850
1500×12
150×12=1800

图 2-17　楼梯配筋图

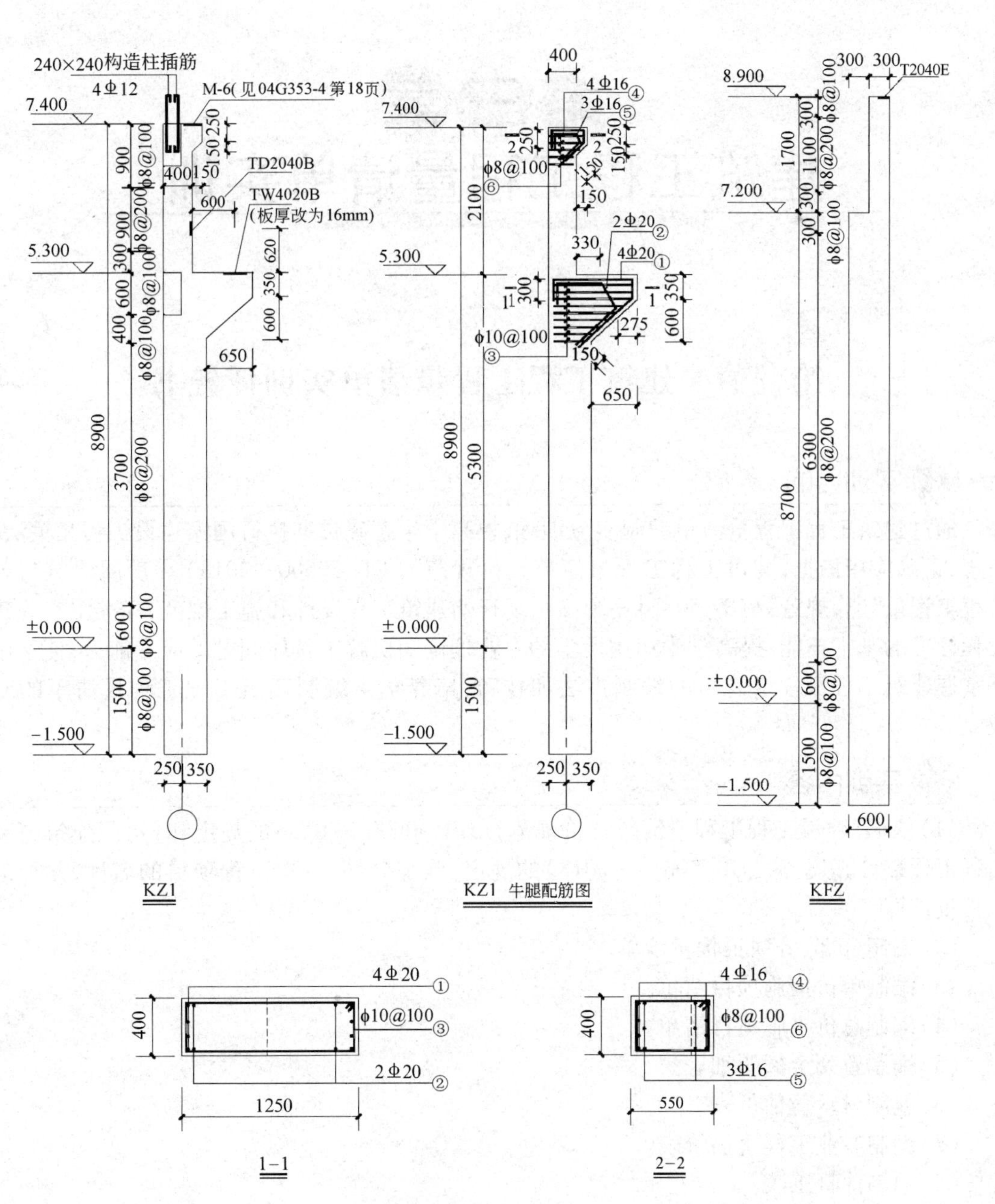
240×240构造柱插筋
4Φ12
M-6(见04G353-4第18页)
TD2040B
TW4020B
(板厚改为16mm)
7.400
5.300
±0.000
-1.500
8900
3700
1500
ϕ8@100
ϕ8@200
KZ1
KZ1 牛腿配筋图
4Φ16
3Φ16
ϕ8@100
2Φ20
4Φ20
ϕ10@100
8.900
7.200
T2040E
8700
6300
KFZ
1-1
2-2
1250
550
400

图 2-18　牛腿构造图

第三章 建筑工程工程量清单实训

第一节　建筑工程工程量清单实训任务书

一 实训目的

通过建筑工程工程量清单编制实务训练,提高学生正确贯彻执行国家建设工程相关法律、法规,正确应用依据《建设工程工程量清单计价规范》(GB 50500—2013)、《房屋建筑与装饰工程工程量计算规范》(GB 50854—2013)、现行的建筑工程设计和施工规范、标准图集等建设工程标准的基本技能;提高学生运用所学的专业理论知识解决具体问题的应变能力;使学生熟练掌握建筑工程工程量清单的编制方法和技巧,培养学生编制建筑工程工程量清单的专业技能。

二 实训内容

(1)依据《建设工程工程量清单计价规范》(GB 50500—2013)的规定和《房屋建筑与装饰工程工程量计算规范》(GB 50854—2013)的规定,确定分部、分项工程项目的名称,并且进行工程量计算。

(2)编制分部、分项工程量清单。

(3)编制单价措施项目清单。

(4)编制总价措施项目清单。

(5)编制暂列金额明细表。

(6)编制材料暂估价表。

(7)编制专业工程暂估价表。

(8)编制计日工表。

(9)编制总承包服务费计价表。

(10)编制其他项目清单表。

(11)编制规费项目、税金项目清单表。

(12)建筑工程工程量清单编制说明。

(13)填写工程量清单文件封面。

三 实训要求

(1)按照指导教师要求的实训进度安排,分阶段独立完成实训内容。

(2)手工编制建筑工程工程量清单的全部内容。

(3)学生在实训结束后,所完成的建筑工程工程量清单必须满足以下标准:

①建筑工程工程量清单的内容完整、各项数据计算正确。

②采用《建设工程工程量清单计价规范》(GB 50500—2013)统一的表格,规范填写建筑工程工程量清单的各项内容,且字迹工整、清晰。

③按规定的顺序装订整齐。

(4)遵守学校实践教学的相关规定。

四 考核方式及成绩评定

根据学生对所学的专业理论知识的应用能力;独立思考问题和处理问题的能力;所完成建筑工程工程量清单内容和各项数据计算的质量;所运用的表格填写格式是否规范,文字书写是否清晰、工整;学生在建筑工程工程量清单实训期间的学习态度和表现;将实训成绩按照优、良、中、及格、不及格五个等级进行评定。

五 实训时间安排

实训时间安排见表3-1。

实训时间安排表　　表3-1

序号	实 训 内 容	时 间
1	确定分部、分项工程项目并进行工程量计算	2.5天
2	编制分部、分项工程量清单	0.5天
3	编制单价措施项目清单,编制总价措施项目清单	0.5天
4	编制暂列金额明细表、材料暂估价表、专业工程暂估价表、计日工表、总承包服务费计价表、其他项目清单	0.5天
5	编制规费项目、税金项目清单表	0.5天
6	建筑工程工程量清单编制说明,填写封面,整理、装订	0.5天

第二节　建筑工程工程量清单实训指导书

一 编制依据

(1)施工图设计文件:幼儿园施工图设计文件及配套的标准图集。

(2)依据《建设工程工程量清单计价规范》(GB 50500—2013)和《房屋建筑与装饰工程工程量计算规范》(GB 50854—2013)。

(3)现行的建筑工程施工规范、建筑工程验收规范等标准。

(4)建筑工程所在地一般施工单位该类工程常规的施工方法(由指导老师根据当地建筑

工程生产技术水平拟定)。

(5)建筑工程招标条件。

(6)工程造价管理法规文件。

二 编制条件

(1)本工程位于某市内,与城市永久性道路相邻,交通条件便利,材料运输、机械进场较方便。

(2)现场实际标高与室外设计标高相同,施工现场“四通一平”准备工作授权由施工单位完成。

(3)施工现场地下水位较低,施工时不考虑地下水降水、排水的因素。

(4)土方采用全部外运、全部外购,土方运距5km。

(5)预制构件外加工地距施工现场10km;门窗外加工地距施工现场8km。

(6)现浇钢筋混凝土构件的混凝土采用现场拌和方式,混凝土搅拌机为350L双锥反转出料混凝土搅拌机,砂浆采用现场拌和方式,砂浆搅拌机械为200L砂浆搅拌机。

(7)建设单位提供备料款,所有建筑材料由施工单位采购。

三 编制步骤和方法

1.编制分部、分项工程量清单

1)确定分部、分项工程项目编码

工程量清单的项目编码应采用12位阿拉伯数字表示。1~9位应按照《房屋建筑与装饰工程工程量计算规范》(GB 50854—2013)附录的规定设置;10~12位应根据拟建工程的工程量清单项目名称和项目特征设置,同一分部分项工程项目编码不得有重码,并应自001起顺序编制。

所编制的工程量清单中出现《房屋建筑与装饰工程工程量计算规范》(GB 50854—2013)附录中未包括的分部、分项工程量清单项目,编制人应作补充。补充的分部、分项工程量清单项目的项目编码由《房屋建筑与装饰工程工程量计算规范》(GB 50854—2013)的代码01与B和三位阿拉伯数字组成,并且应从01B001起顺序编制,同一招标工程的工程项目不得重码。补充的分部、分项工程量清单项目需附有补充项目的名称、项目特征、计量单位、工程量计算规则、工程内容。

2)确定分部、分项工程的项目名称和项目特征

工程量清单的项目名称应按照《房屋建筑与装饰工程工程量计算规范》(GB 50854—2013)附录的项目名称结合拟建工程的实际确定。

工程量清单的项目特征,应按照《房屋建筑与装饰工程工程量计算规范》(GB 50854—2013)附录中规定的项目特征,结合拟建工程项目的实际予以描述。分部、分项工程量清单的项目特征是指构成分部、分项工程项目的实体名称、型号、规格、材质、品种、质量、连接方式等自身价值的本质特征。项目特征描述直接影响综合单价的分析结果,是影响价格的因素。

3)确定分部、分项工程项目计量单位

分部、分项工程量清单项目的计量单位,应该统一按照《房屋建筑与装饰工程工程量计算规范》(GB 50854—2013)附录中规定的计量单位确定。除各专业另有特殊规定外,均按照以下单位计量:

(1)以质量计算的项目以 t 为单位,应保留小数点后三位数字,第四位四舍五入。

(2)以体积计算的项目以 m^3 为单位,应保留小数点后两位数字,第三位四舍五入。

(3)以面积计算的项目以 m^2 为单位,应保留小数点后两位数字,第三位四舍五入。

(4)以长度计算的项目以 m 为单位,应保留小数点后两位数字,第三位四舍五入。

(5)以"个"、"套"、"项"、"座"等自然计数单位为单位的分部、分项工程项目,应取整数。

4)分部、分项工程项目工程量计算

分部、分项工程量清单中所列项目的工程量,应该统一按照《房屋建筑与装饰工程工程量计算规范》(GB 50854—2013)附录中规定的分部、分项工程量清单项目的工程量计算规则计算。将计算出来的分部、分项工程量填入表3-2中。

工程量计算表 表3-2

工程名称: 标段: 第 页 共 页

项目编号	项目名称	计 算 式	计量单位	工 程 数 量	备 注

5)汇总填写分部、分项工程量清单表

将结果填入表3-3中。

分部、分项工程量清单表 表3-3

工程名称: 标段: 第 页 共 页

序号	项目编码	项 目 名 称	项目特征描述	计量单位	工程数量

2. 编制措施项目清单

措施项目清单应根据拟建工程的实际情况列项。

单价措施项目应按《房屋建筑与装饰工程工程量计算规范》(GB 50854—2013)附录中规定的项目,并考虑拟建工程的实际情况选择列项。将结果填入表3-4中。

单价措施项目清单表 表3-4

工程名称: 标段: 第 页 共 页

序号	项目编码	项目名称	项目特征描述	计量单位	工程数量

总价措施项目应按《房屋建筑与装饰工程工程量计算规范》(GB 50854—2013)附录中规定的项目,并考虑拟建工程的实际情况选择列项,将结果填入表3-5中。

总价措施项目清单表

表 3-5

工程名称：　　　　　　　　　　　　　标段：　　　　　　　　　　　　第　页　共　页

序号	项目编码	项目名称	备注

若出现《房屋建筑与装饰工程工程量计算规范》(GB 50854—2013)附录中规定未列的措施项目,可根据工程实际情况补充。补充的单价措施项目的项目编码,由《房屋建筑与装饰工程工程量计算规范》(GB 50854—2013)的代码 01 与 B 和三位阿拉伯数字组成。同一招标工程的工程项目不得重码。补充的单价措施项目需附有补充项目的名称、项目特征、计量单位、工程量计算规则、工程内容。总价措施项目,只需附有补充的总价措施项目的项目名称、工程内容及包含范围即可。

3. 编制其他项目清单

其他项目清单应按照下列内容列项,并将结果填入表 3-6 中。

(1)暂列金额;

(2)暂估价,包括材料暂估单价、工程设备暂估价、专业工程暂估价;

(3)计日工;

(4)总承包服务费。

其他项目清单表

表 3-6

工程名称：　　　　　　　　　　　　　标段：　　　　　　　　　　　　第　页　共　页

序号	项目名称	计量单位	数量	备注

暂列金额是指招标人在工程量清单中暂定并包括在合同价款中的一笔款项,如用于施工合同签订时尚未确定或者不可预见的所需材料、设备、服务的采购、施工中可能发生的工程变更、合同约定调整因素出现时的工程价款调整以及发生的索赔、现场签证确认等的费用。招标人将结果填入表 3-7 中。

暂列金额明细表

表 3-7

工程名称：　　　　　　　　　　　　　标段：　　　　　　　　　　　　第　页　共　页

序号	项目名称	计量单位	暂定金额(元)	备注
合计				

暂估价是指招标人在工程量清单中提供的用于支付必然发生但暂时不能确定价格的材料、工程设备的单价以及专业工程金额。暂估价中的材料、工程设备的暂估单价应根据工程造

价信息或参照市场价格估算，列出明细表；专业工程暂估价应分不同的专业，按有关计价规定估算，列出明细表。招标人将材料暂估单价和专业工程暂估价结果分别填入表3-8和表3-9中。

材料暂估单价表 表3-8

工程名称： 标段： 第 页 共 页

序号	材料名称、规格、型号	计量单位	数量	暂估单价	合价（元）	备注
合　计						

专业工程暂估价表 表3-9

工程名称： 标段： 第 页 共 页

序号	工程名称	工程内容	暂估金额（元）	备注
合　计				

计日工是指在施工过程中，承包人完成发包人提出的施工合同范围以外的零星项目或工作，按合同中约定的单价计价的一种方式。招标人应列出的项目名称、计量单位和暂估数量等信息填入表3-10中。

计　日　工　表 表3-10

工程名称： 标段： 第 页 共 页

编号	项 目 名 称	计 量 单 位	暂 定 数 量
一	人工		
二	材料		
三	施工机械		

总承包服务费是指总承包人为配合协调发包人进行的专业工程发包，对发包人自行采购的工程设备、材料等进行管理以及施工现场管理、竣工资料汇总整理等服务所需的费用。招标人将总承包服务费的项目名称、项目价值、服务内容，填入表3-11中。

总承包服务费表 表3-11

工程名称： 标段： 第 页 共 页

序号	项 目 名 称	项目价值（元）	服 务 内 容

续上表

序号	项 目 名 称	项目价值(元)	服 务 内 容
合 计			

4. 规费、税金项目清单的编制

(1)规费项目清单应按照下列内容列项:

①社会保险费,包括养老保险费、失业保险费、医疗保险费、工伤保险费、生育保险费;

②住房公积金;

③工程排污费。

规费项目清单出现上述内容中未列的规费项目,应根据省级政府或省级有关权力部门的规定列项。

(2)税金项目清单应包括下列内容:

①增值税;

②城市维护建设税;

③教育费附加;

④地方教育附加。

税金项目清单出现上述内容中未列的税金项目,应根据国家税务部门的规定列项。

招标人将规费、税金项目清单的内容填入表3-12中。

规费、税金项目清单表 表3-12

工程名称: 标段: 第 页 共 页

序号	项 目 名 称	计 算 基 础
1	规 费	
1.1	社会保障费	
(1)	养老保险费	
(2)	失业保险费	
(3)	医疗保险费	
(4)	工伤保险费	
(5)	生育保险费	
1.2	住房公积金	
1.3	工程排污费	
2	税金	

5. 建筑工程工程量清单编制说明

建筑工程工程量清单编制说明,一般包括以下内容:

(1)工程概况:包括建设规模、工程特征、施工现场情况、交通运输情况、自然地理条件、环境保护要求等。

(2)工程招标和分包范围。

(3)工程量清单编制依据。

(4)工程质量、材料、施工等的特殊要求。

(5)招标人自行采购材料的名称、规格、型号、数量等。

(6)其他项目清单中招标人部分的金额数量。

(7)其他需要说明的问题。

四 装订顺序

自上而下：

封面→编制说明→分部分项工程量清单表→单价措施项目清单表→总价措施项目清单表→其他项目清单表→暂列金额明细表→材料暂估单价表→专业工程暂估价表→计日工表→总承包服务费表→规费、税金项目清单表→工程量计算表→封底。

第三节　幼儿园施工图设计文件

一 建筑设计说明

(1)本工程为三层框架结构建筑，室内设计标高为 ±0.000，室外标高为 -0.45m。

(2)基础垫层为 C20 混凝土；独立基础为 C25 混凝土；条形基础为 M7.5 水泥砂浆砌筑 MU30 毛石基础。

(3)梁、柱、板均采用 C20 混凝土；剪力墙采用 C40 混凝土；非承重墙采用 M5 混合砂浆砌筑 MU10 黏土空心砖墙。

(4)本工程未注明的墙厚均为 240mm；底层地圈梁代替墙身防潮层；若底层无地圈梁处，墙身防潮层用 1:2 水泥砂浆(掺 5% 防水剂)抹 20mm 厚，位置均低于室内地坪 0.06m。

(5)楼地面工程。

①底层地面：素土回填夯实；100mm 厚 3:7 灰土；60mm 厚 C10 混凝土；素水泥浆结合层一道；20mm 厚 1:2.5 水泥砂浆压实赶光。

②楼层地面：钢筋混凝土楼板；40mm 厚 C20 细石混凝土找平层；素水泥浆结合层一道；20mm 厚 1:2.5 水泥砂浆压实赶光。

(6)天棚和内墙均为 1:0.5:3 的混合砂浆抹灰 15mm 厚；面层为白色内墙涂料。

(7)外墙均为 1:2 水泥砂浆抹灰；面层为彩色外墙涂料，分色见外墙图。

(8)木门窗油漆：刮腻子，打光；外底油一遍，灰色调和漆两遍；内底油一遍，乳白色调和漆两遍。

(9)所有外露铁件刷防锈漆一遍；银粉两遍。

(10)台阶：素土夯实；100mm 厚 3:7 灰土；60mm 厚 C15 混凝土(厚度不包括踏步三角部分)；素水泥浆结合层一道；20mm 厚 1:2.5 水泥砂浆抹面压实赶光。

(11)散水：散水宽 1.5m；100mm 厚 3:7 灰土垫层(宽出散水面层 300mm)；50mm 厚 C15 混凝土加浆一次抹光。

(12)屋面做法：10mm 厚 1:3 水泥砂浆找平层；0.6mm 聚氨酯隔气层；干铺憎水珍珠岩保温层(最薄处 50mm 厚)；20mm 厚 1:3 水泥砂浆找平层；2mm 厚聚氨酯防水涂料层；架空隔热板屋面(用 M2.5 水泥砂浆砌筑三皮 120 砖，中距 500mm；C20 混凝土预制板 480mm × 480mm × 40mm，内配 ϕ6@200 双向钢筋)。

(13)本设计图中的节点详图和构造详图仅供参考，在教学中请使用者自行按当地相对应的标准图集选定。

(14)严格按国家现行设计施工验收规范施工，如有问题应及时与设计院联系。

(15)本工程门窗表见表 3-13。

门 窗 表 表 3-13

类 别	门 窗 代 号	门 窗 名 称	洞口尺寸(mm×mm)	数 量
门	M0921	镶板木门	900×2100	25
	M0821	夹板木门	800×2100	3
	M1021	镶板木门	1000×2100	1
	M1221	镶板木门	1200×2100	1
	MC2421	木门连窗	2400×2100	2
	M1	木推拉门	1960×3000	1
窗	C1216	带纱扇铝合金推拉窗	1200×1600	3
	C1606	带纱扇铝合金推拉窗	1600×600	4
	C1616	带纱扇铝合金推拉窗	1600×1600	3
	C1816	带纱扇铝合金推拉窗	1800×1600	17
	C2416	带纱扇铝合金推拉窗	2400×1600	10
	C2425	带纱扇铝合金组合窗	2400×2500	3
	C1	带纱扇铝合金组合窗	1450×2400	1
	C2	带纱扇铝合金组合窗	1260×2400	1
	C3	带纱扇铝合金组合窗	7560×2400	1
	C4	铝合金固定窗	660×2400	1

二 结构设计说明

1. 结构体系

本工程结构共地上三层,采用矩形钢筋混凝土截面柱框架结构;基础采用钢筋混凝土独立基础及墙下刚性条形基础。

2. 制图说明

本图标注尺寸单位除标高以米计外,其余均以毫米计;梁平法配筋图表示方法及钢筋构造做法参见图集 03G101-1。

3. 地基基础设计及构造说明

基坑须开挖进入持力层内 300mm,基坑超深(深度大于设计基底标高),超深部分按长≥1000mm,高≤500mm 放阶开挖;基础柱插筋规格及根数同相应柱配筋,柱筋锚入 JQL 或柱基内不小于 40d;基坑开挖完成后须按地质部门要求做钎探,并组织有关部门进行基槽验收;施工中做好排水工作,回填土时基础两侧应同时回填;施工中若有地基异常反应及时通知有关部门进行处理。

4. 上部结构设计及构造说明

(1)填充墙沿框架柱全高每隔 500mm 设 2ϕ6 拉结钢筋,锚入柱内 200mm,入墙不小于 0.2 倍墙长及 700mm,并做弯钩。

(2)填充墙高大于 4m 时,墙体半高处设与柱连接沿全长贯通的钢筋混凝土水平系梁,其截面 240mm×120mm,纵筋 4 ⌽12,箍筋 ϕ6@200。

(3)长度大于 5m 的填充墙,在墙顶每隔 500mm 设 2ϕ6 拉结钢筋与上部梁拉结,并在中间设置 200mm×250mm 构造柱,配筋 4 ⌽14,ϕ6@200,两端纵筋锚入框架梁内 450mm,构造柱上端与梁连接处留 50mm 空隙,用沥青麻丝填充。

(4)砖砌体与构造柱的连接处应砌成马牙槎,并沿墙高每隔 500mm 设 2ϕ6 拉结钢筋,锚入柱内200mm，入墙不小于600mm，并做弯钩。

（5）砌体结构中，后砌非承重隔墙应沿墙高每隔500mm设2ϕ6拉结钢筋与承重墙或柱拉结，每边入墙不小于500mm，并做弯钩。

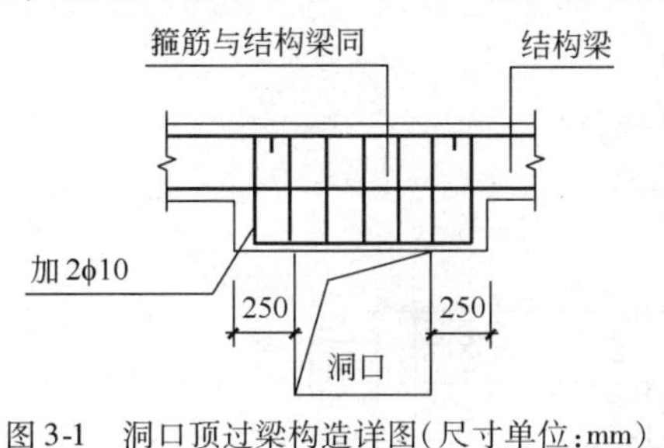

图3-1　洞口顶过梁构造详图（尺寸单位：mm）

（6）过梁设计与构造处理。

①当门窗等洞口顶距结构梁（圈梁）底≤300mm时，做下挂过梁，构造见图3-1。

②除a点和其他特别注明外，洞口均采用03G322-2图集中相应跨度3级荷载过梁。

③过梁端部与其他梁、柱等混凝土构件相遇时须现浇制作。

（7）构造混凝土立柱。

①阳台栏杆转角处，在挑梁头设120mm×120mm与栏杆（板）同高的混凝土构造柱，纵筋4ϕ10，两端锚入压顶和梁内350mm，箍筋ϕ6@200。

②屋面女儿墙每开间、转角处以及间距不大于3.6m处设200mm×200mm钢筋混凝土构造柱，柱高同女儿墙，纵筋4Φ10，两端锚入压顶和梁内350mm，箍筋ϕ6@200。

（8）卫生间、厨房等有水开间周边墙体（门口除外）做300mm高素混凝土卷边，其厚度同墙，如图3-2所示，楼板预留孔洞详见建筑及给排水专业施工图，成品排气（烟）道下板内设加强钢筋上下各2Φ16，两端进入洞口边板内500mm。

（9）楼板错层处，如结构梁面标高与板底标高有高差，用C25素混凝土填充。

（10）厚度大于100mm的楼板，其角区范围内（1/4板跨），板顶负筋间距加密为100mm。

（11）顶层端跨转角处楼板增设5根放射筋，直径及长度与该处负筋相同。

图3-3为挑梁附加钢筋详图。

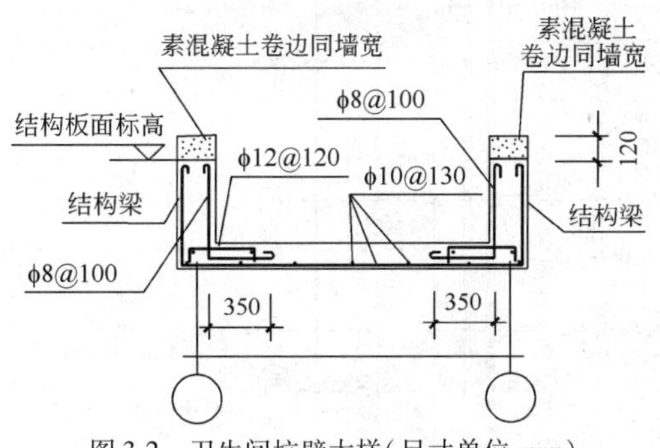

图3-2　卫生间坑壁大样（尺寸单位：mm）

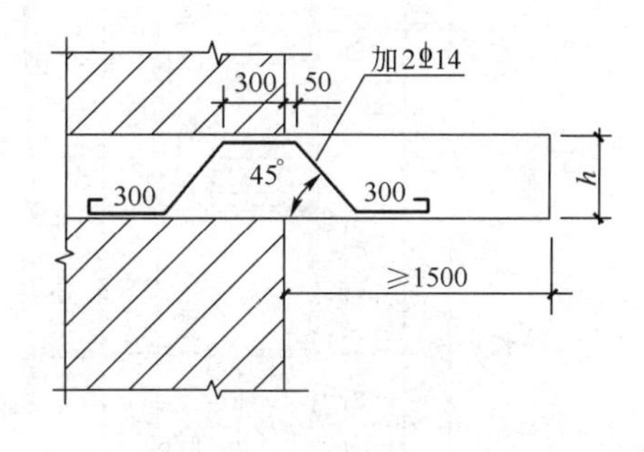

图3-3　挑梁附加钢筋详图（尺寸单位：mm）

5. 施工要求

悬挑构件不能作为施工支撑，切须在达到100%设计强度，并满足抗倾覆要求后方可拆模；楼板混凝土未达到75%设计强度时，严禁在其上堆载；应须严格按现行有关规范、规定及施工条例进行施工。

工程设计图

如图3-4～图3-23所示。

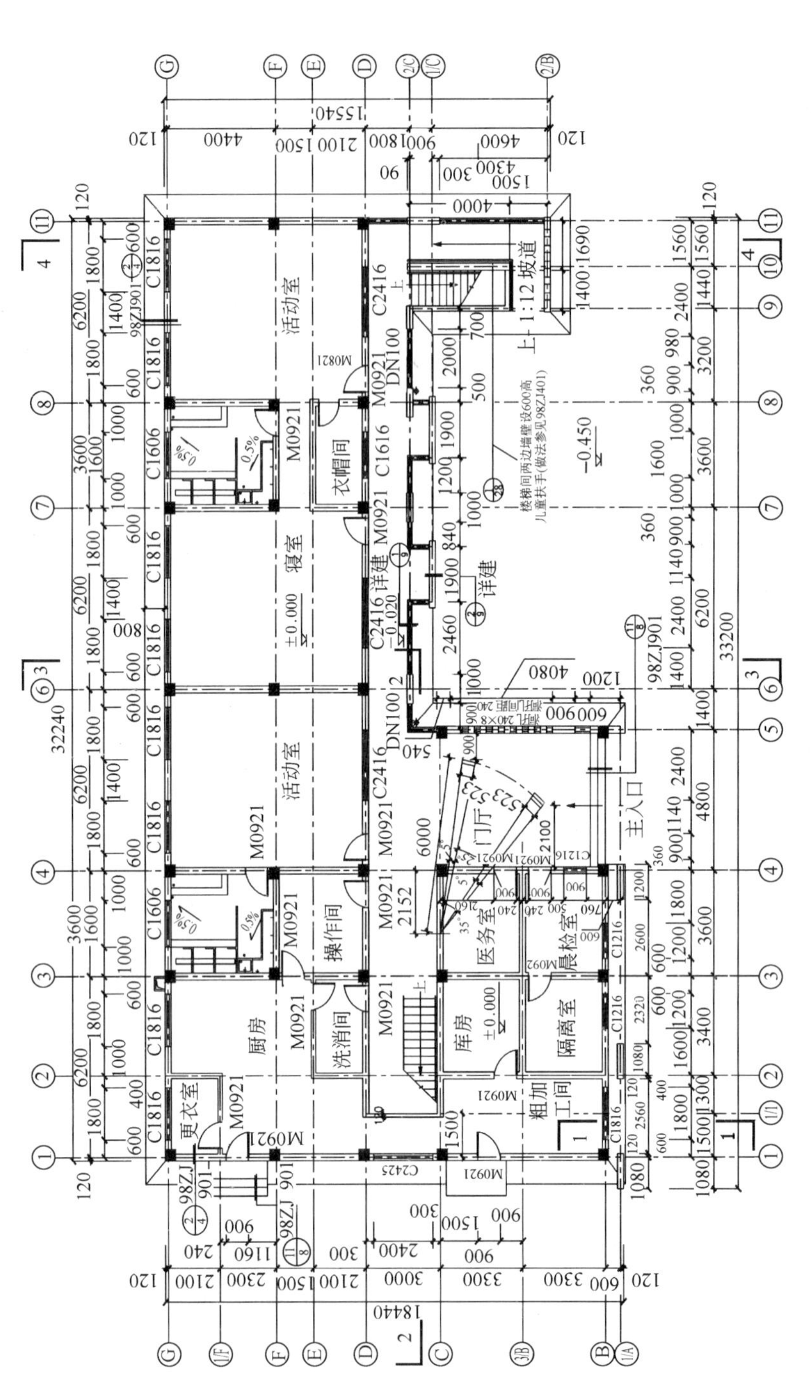

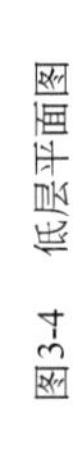
图3-4 低层平面图

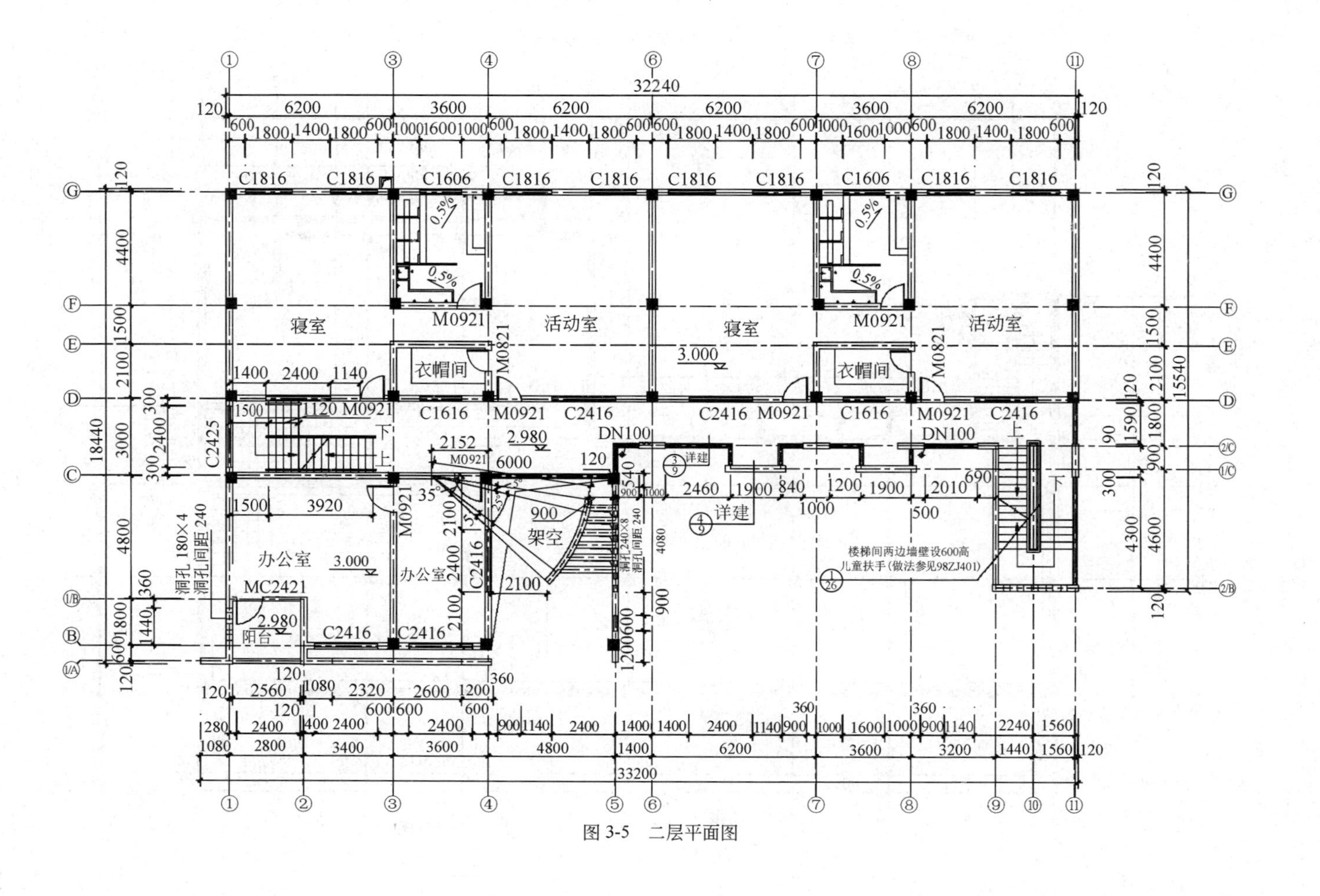
寝室
活动室
衣帽间
办公室
阳台
架空
C1816
C1606
C2416
C1616
C2425
M0921
M0821
MC2421
DN100
3.000
2.980
0.5%
32240
33200
15540
18440
楼梯间两边墙壁设600高
儿童扶手(做法参见98ZJ401)
洞孔240×8
洞孔间距240
洞孔 180×4
洞孔间距 240
详建

图 3-5 二层平面图

46

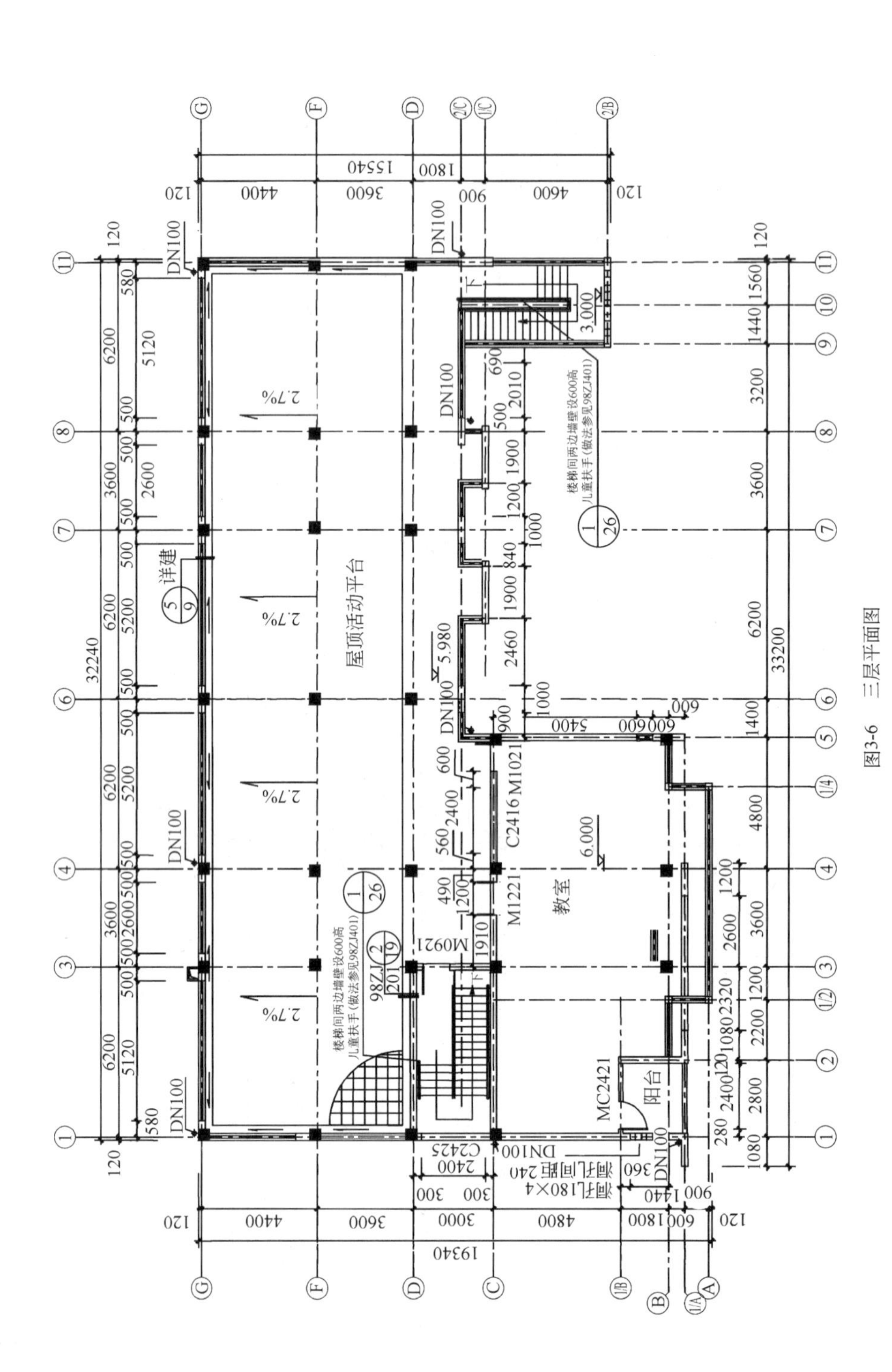
屋顶活动平台
教室
阳台
2.7%
6.000
5.980
3.000
M1021
M1221
M0921
C2416
C2425
MC2421
DN100
楼梯间两边墙壁设600高
儿童扶手(做法参见98ZJ401)
详建
洞孔180×4
洞孔间距240
33200
32240
19340
15540

图3-6 三层平面图

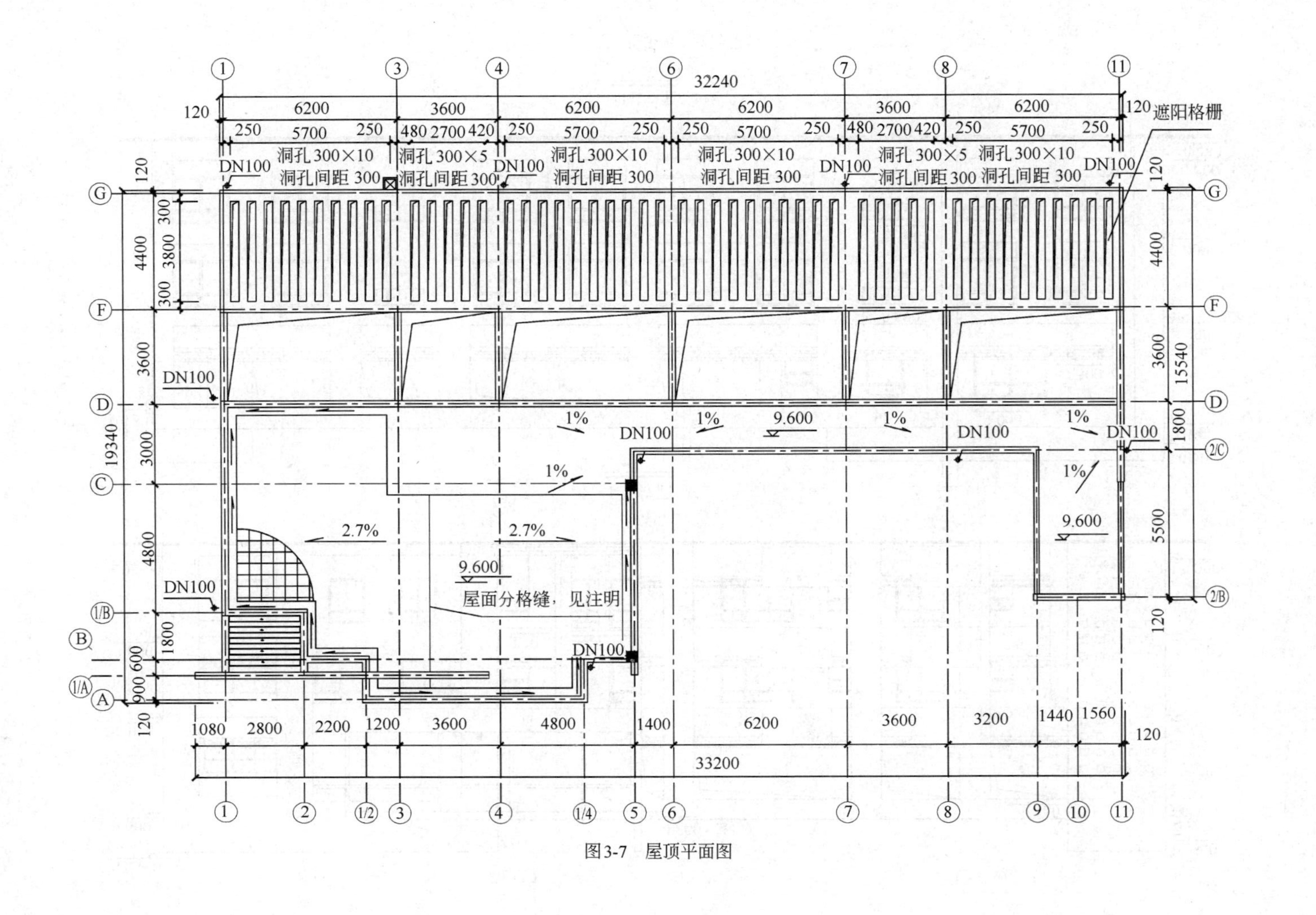
32240
遮阳格栅
洞孔 300×10
洞孔间距 300
洞孔 300×5
洞孔间距 300
DN100
1%
9.600
2.7%
屋面分格缝，见注明
19340
15540
33200

图3-7　屋顶平面图

11.100
9.600
6.000
3.000
±0.000
2.100
3.000
9.600
9.150
10.500
240×240
1-11立面
11.100
10.500
9.600
9.150
9.000
8.600
7.500
6.000
5.500
4.900
3.000
2.500
1.900
±0.000
-0.450
11-1立面

图3-8　立面图

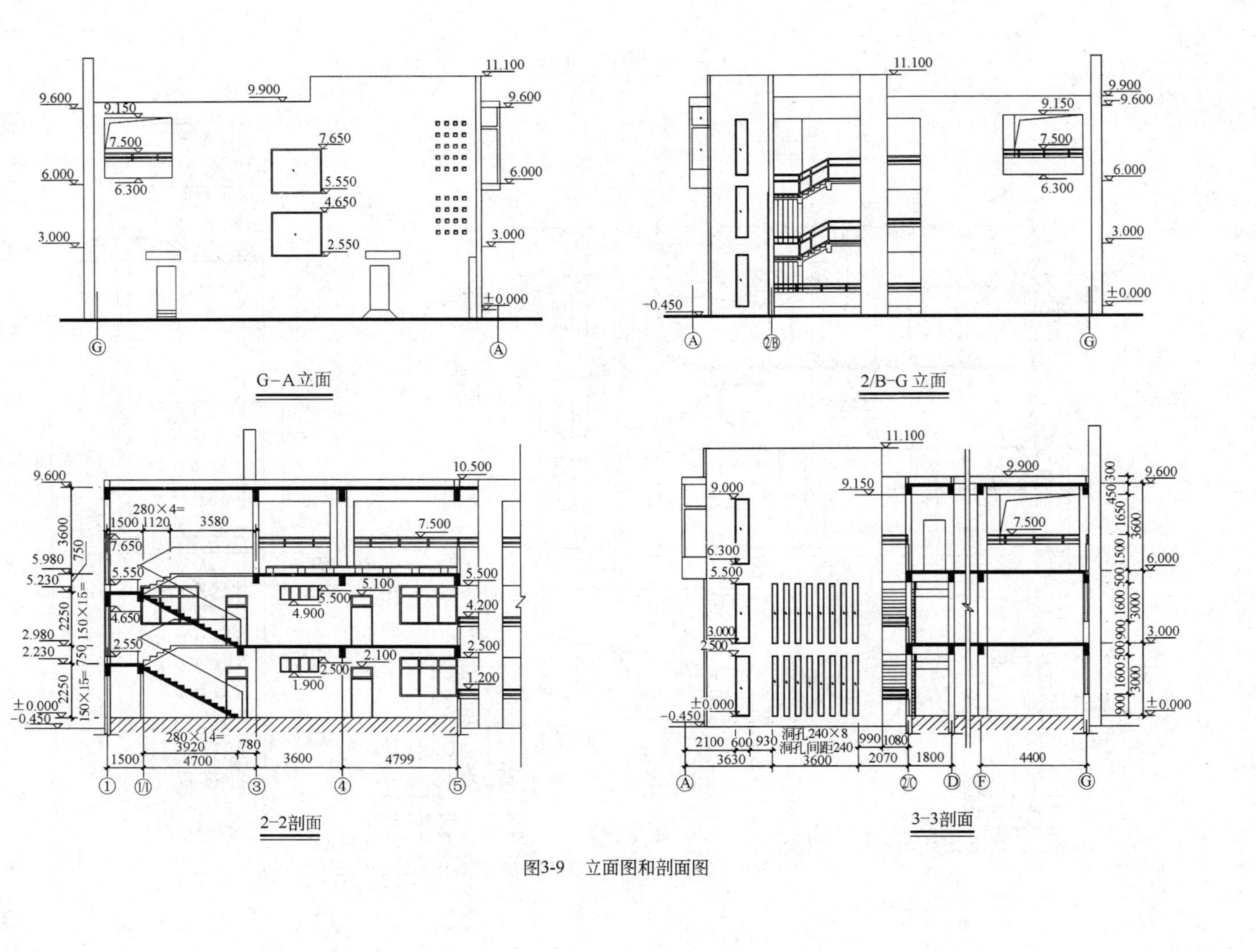

图3-9 立面图和剖面图

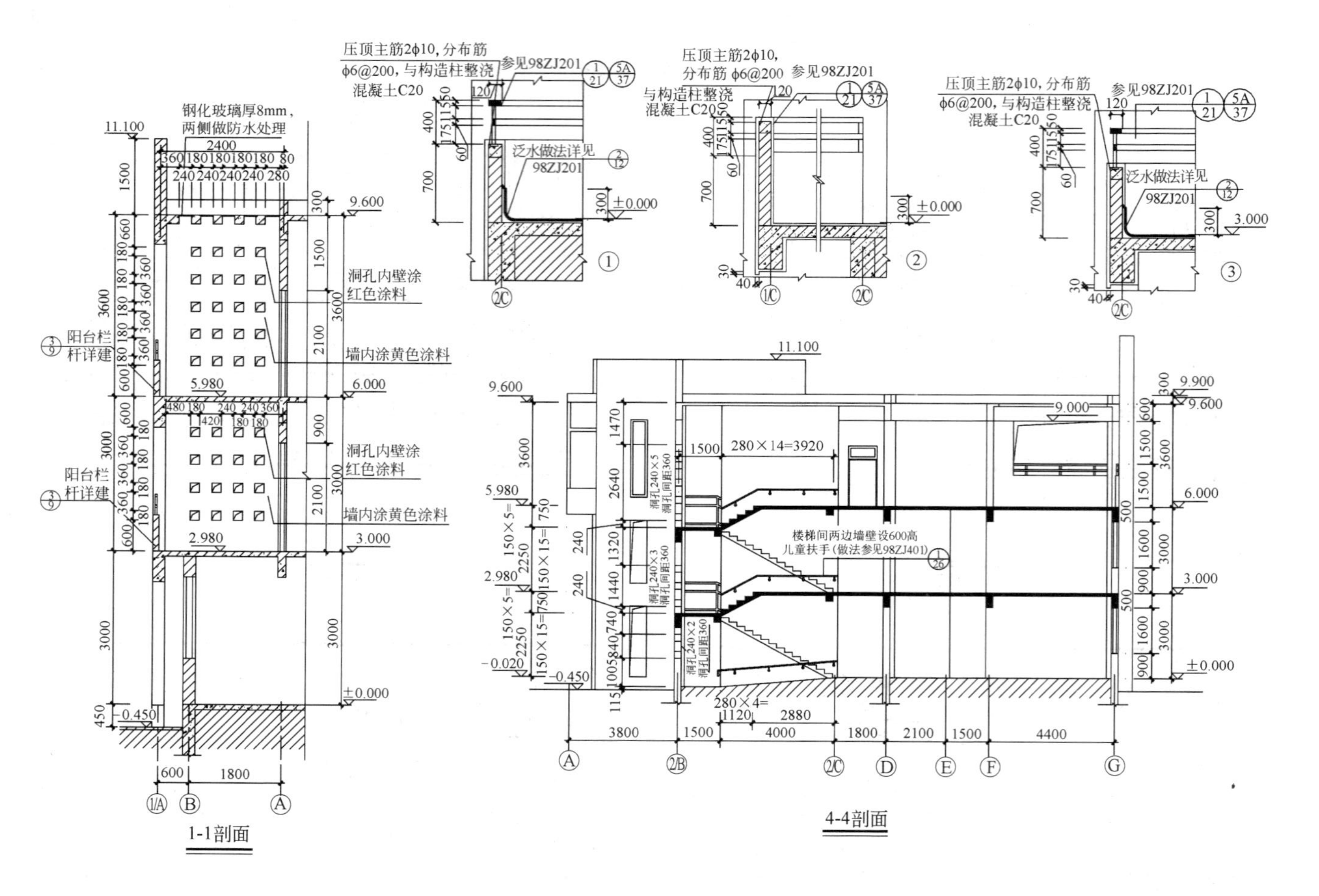

压顶主筋2ϕ10，分布筋ϕ6@200，与构造柱整浇混凝土C20
参见98ZJ201
泛水做法详见98ZJ201
钢化玻璃厚8mm，两侧做防水处理
洞孔内壁涂红色涂料
墙内涂黄色涂料
阳台栏杆详建
楼梯间两边墙壁设600高儿童扶手(做法参见98ZJ401)
280×14=3920
280×4=1120
洞孔240×5洞孔间距360
洞孔240×3洞孔间距360
洞孔240×2洞孔间距360
1-1剖面
4-4剖面

图3-10　剖面图及详图

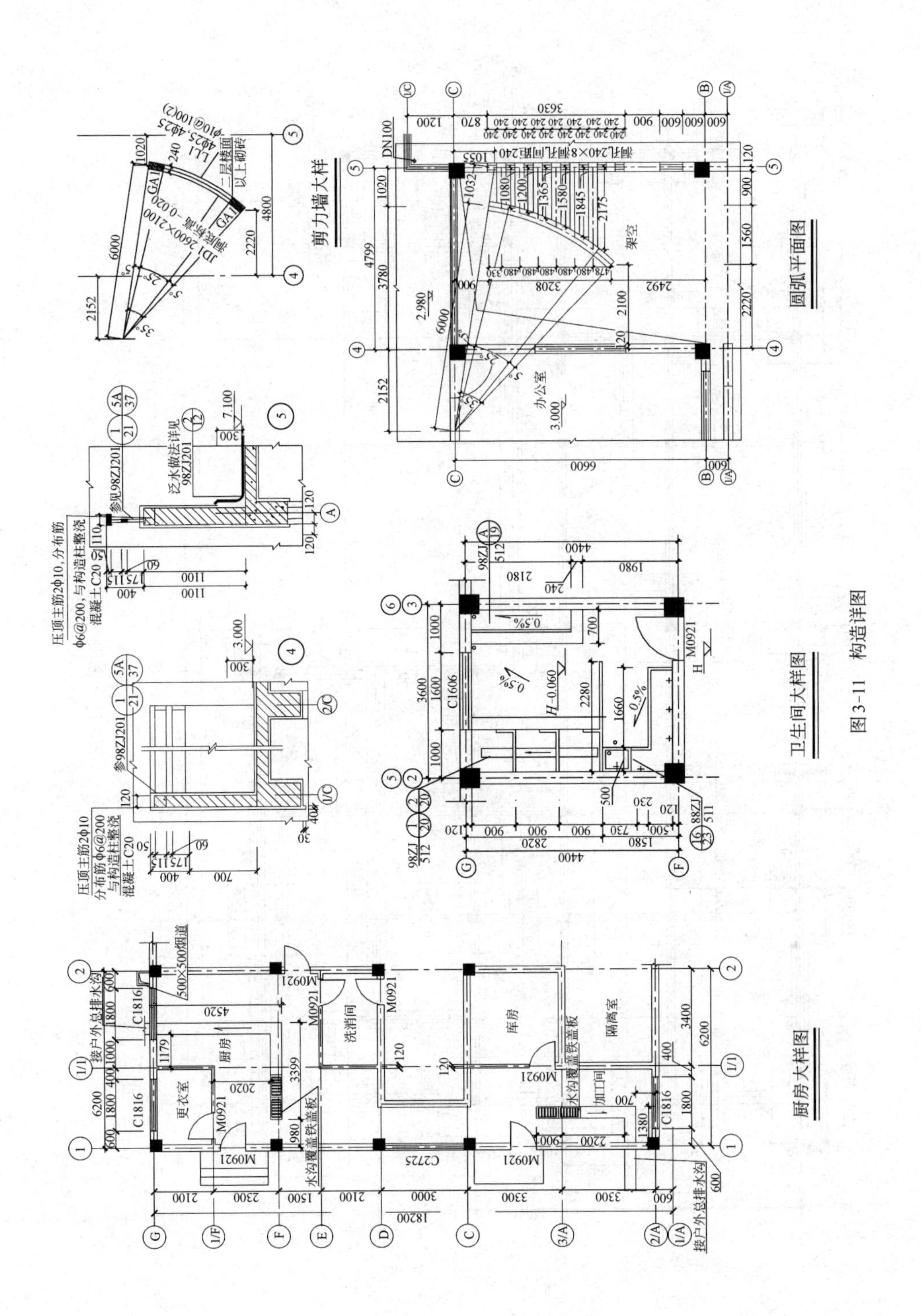
厨房大样图
卫生间大样图
剪力墙大样
圆弧平面图
更衣室
厨房
洗消间
库房
隔离室
加工间
办公室
架空
水沟覆盖铁盖板
接户外总排水沟
500×500烟道
C1816
M0921
C2725
C1606
18200
6200
4400
6600
3630

图 3-11　构造详图

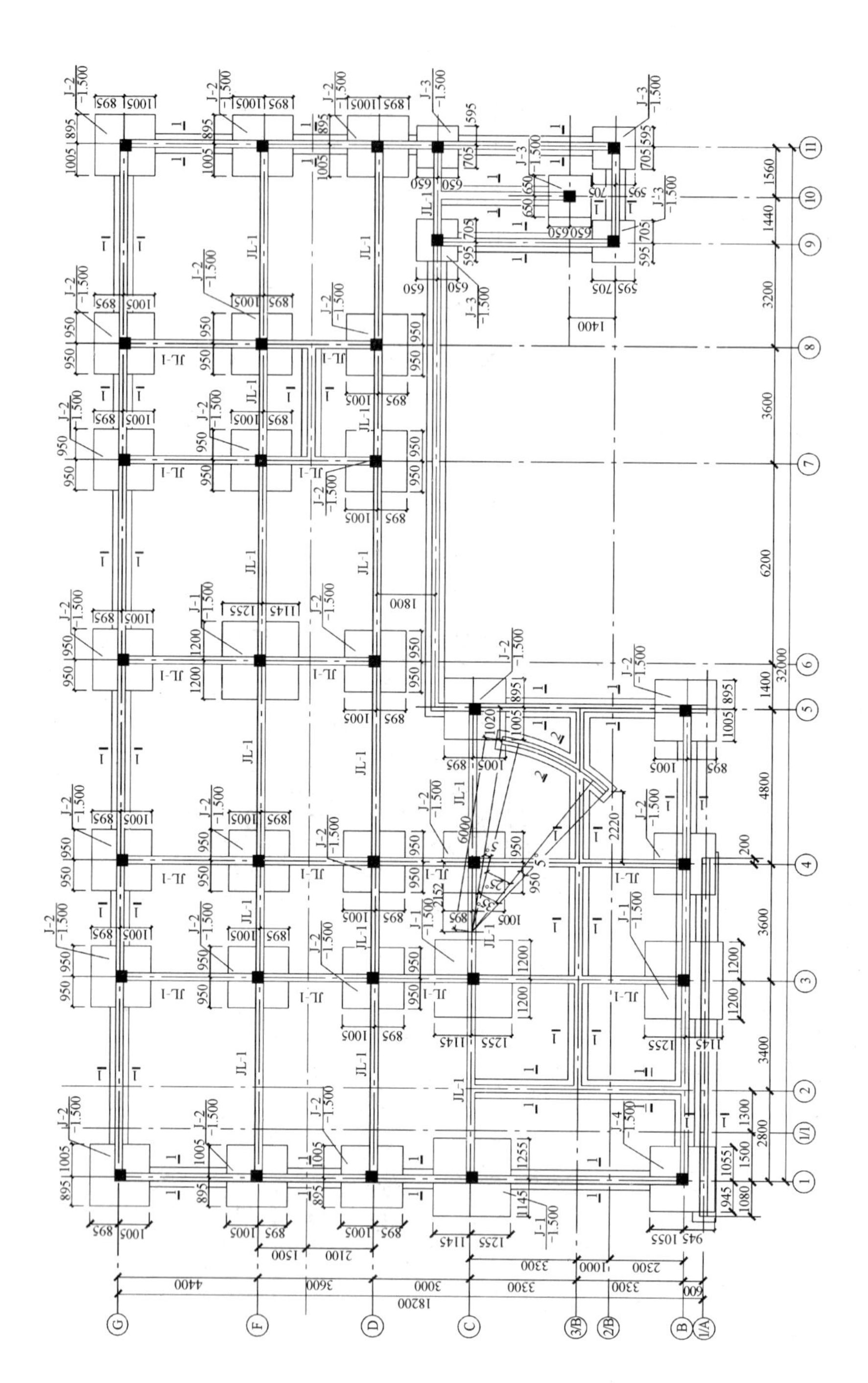

图3-12　基础平面图

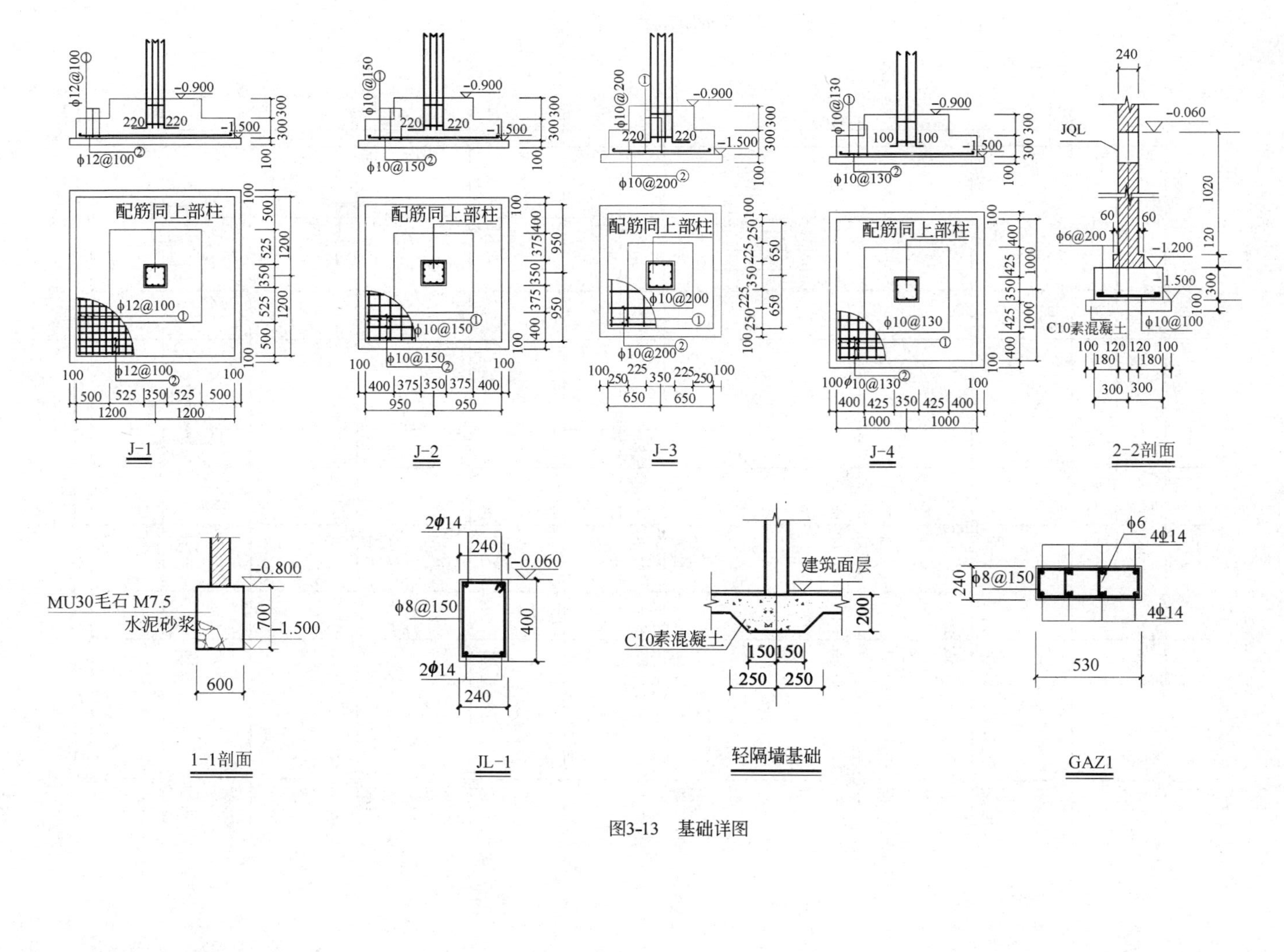
J-1
J-2
J-3
J-4
2-2剖面
配筋同上部柱
-0.900
-1.500
-0.060
-1.200
-0.800
JQL
C10素混凝土
φ6@200
φ10@100
φ12@100
φ10@150
φ10@200
φ10@130
1-1剖面
JL-1
轻隔墙基础
GAZ1
MU30毛石 M7.5
水泥砂浆
建筑面层
2φ14
φ8@150
φ6
4φ14

图3-13 基础详图

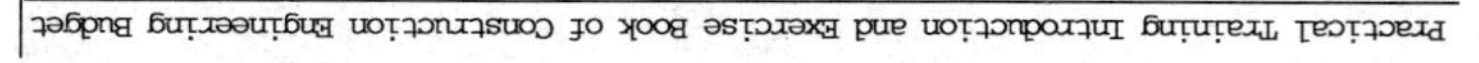

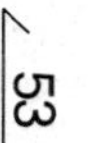

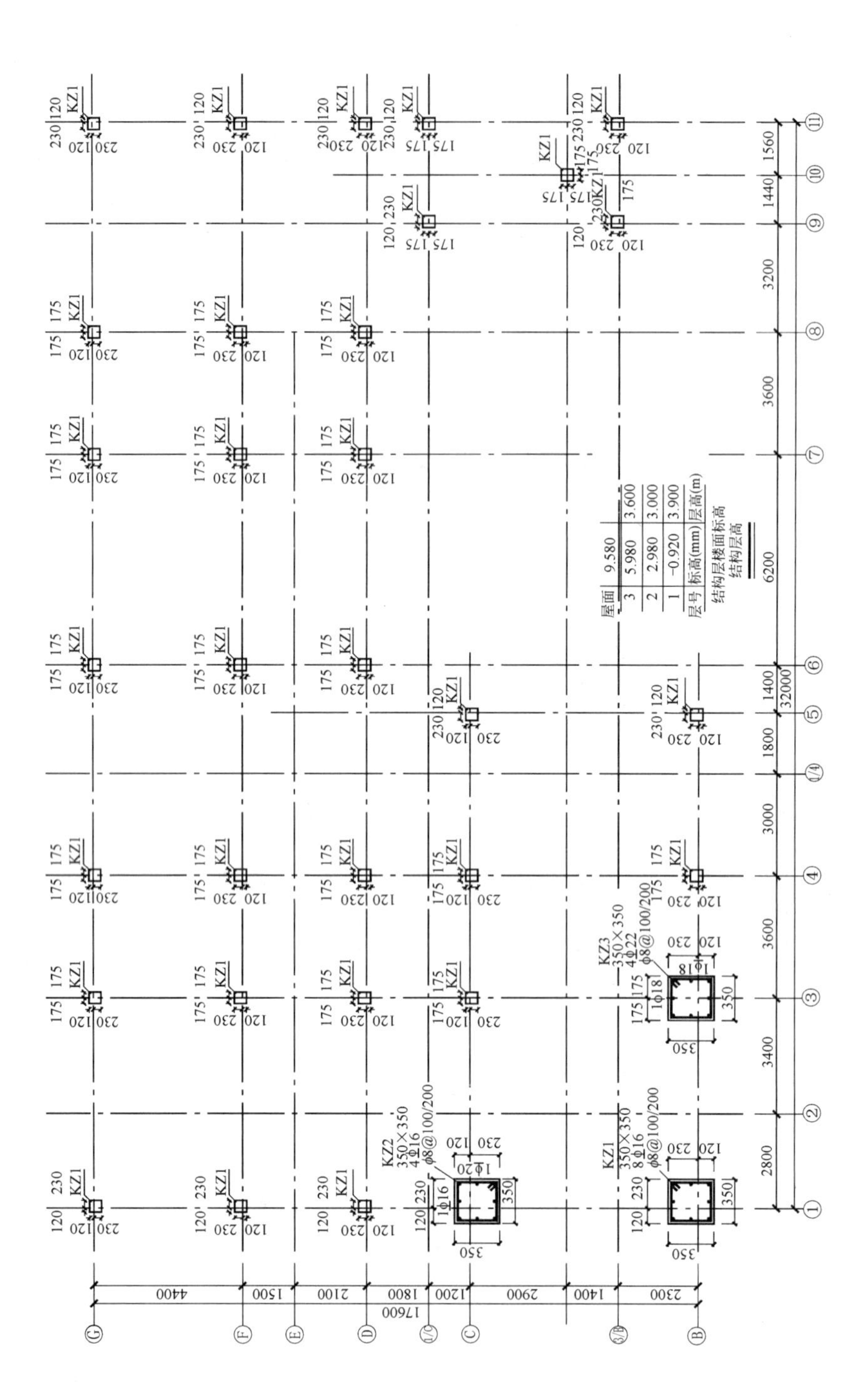
KZ2
350×350
4Φ16
φ8@100/200
KZ1
350×350
8Φ16
φ8@100/200
KZ3
350×350
4Φ22
φ8@100/200
屋面 9.580
3 5.980 3.600
2 2.980 3.000
1 -0.920 3.900
层号 标高(mm) 层高(m)
结构层楼面标高
结构层高
32000
17600

图3-14　一层柱配筋图

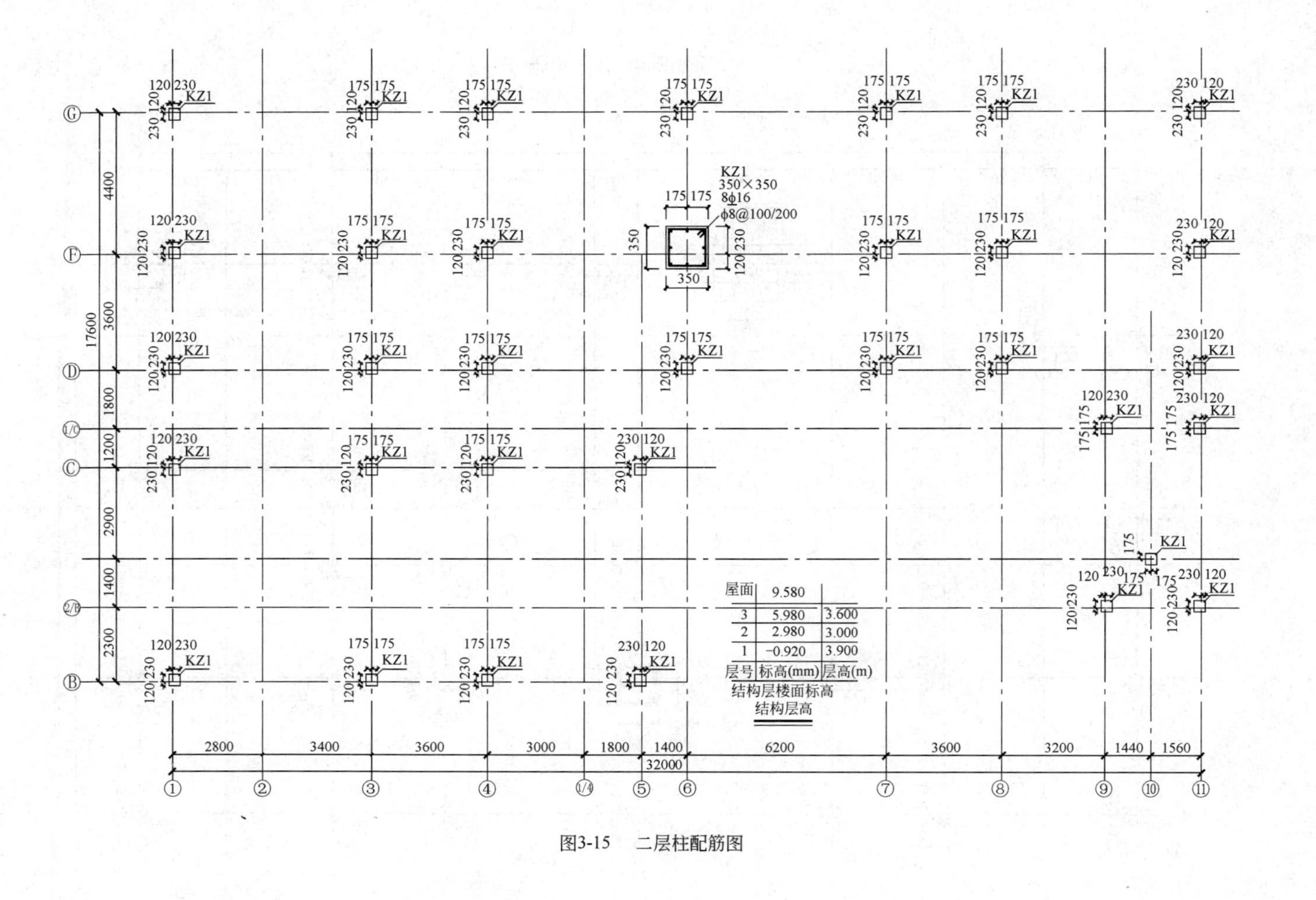
KZ1
350×350
8ϕ16
ϕ8@100/200
屋面 9.580
3 5.980 3.600
2 2.980 3.000
1 −0.920 3.900
层号 标高(mm) 层高(m)
结构层楼面标高
结构层高
2800
3400
3600
3000
1800
1400
6200
3600
3200
1440
1560
32000
4400
3600
1800
1200
2900
1400
2300
17600

图3-15　二层柱配筋图

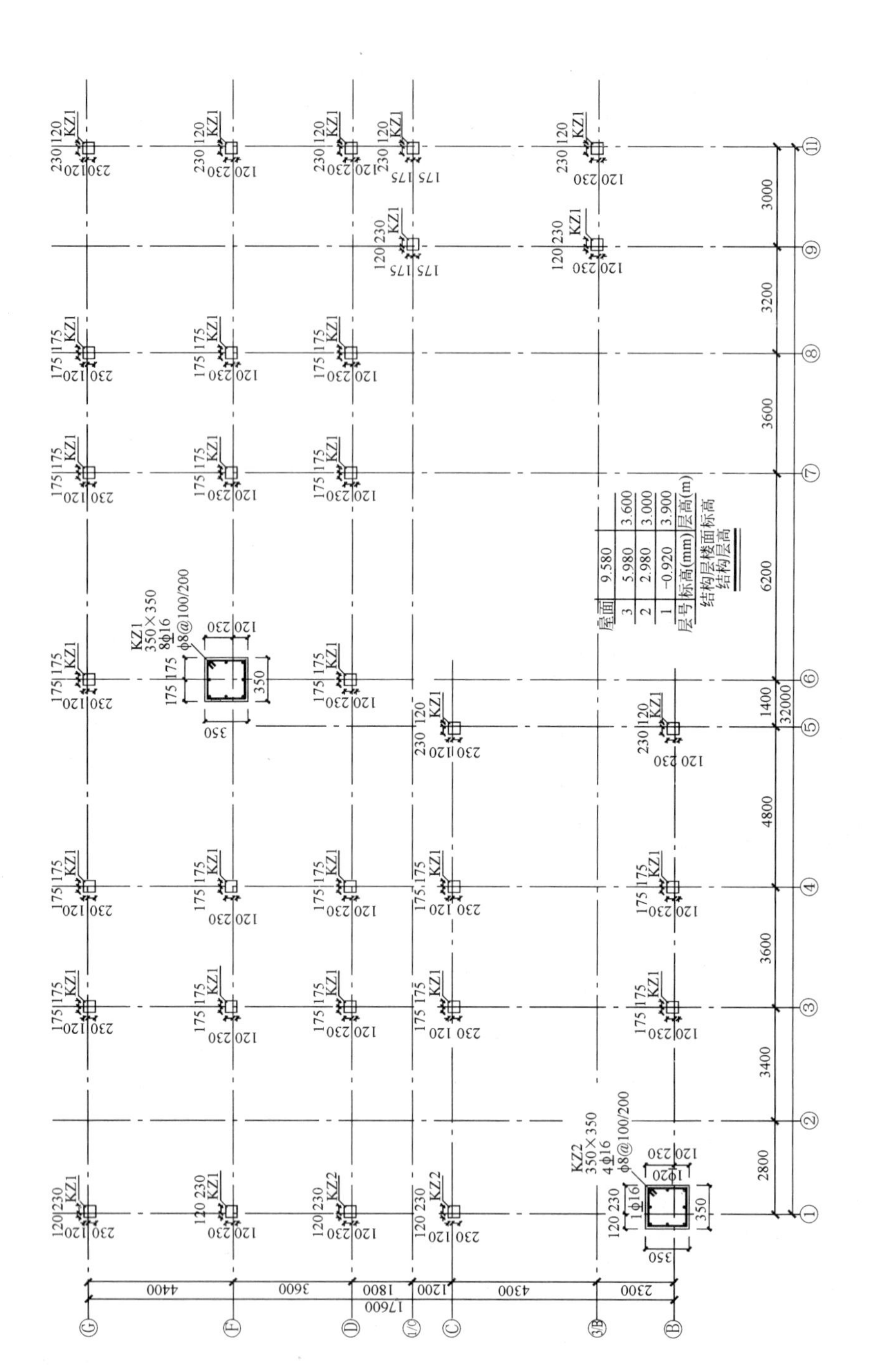
KZ1
350×350
8φ16
φ8@100/200
KZ2
350×350
4φ16
φ8@100/200
屋面 9.580
3 5.980 3.600
2 2.980 3.000
1 -0.920 3.900
层号 标高(mm) 层高(m)
结构层楼面标高
结构层高
32000
17600

图3-16 三层柱配筋图

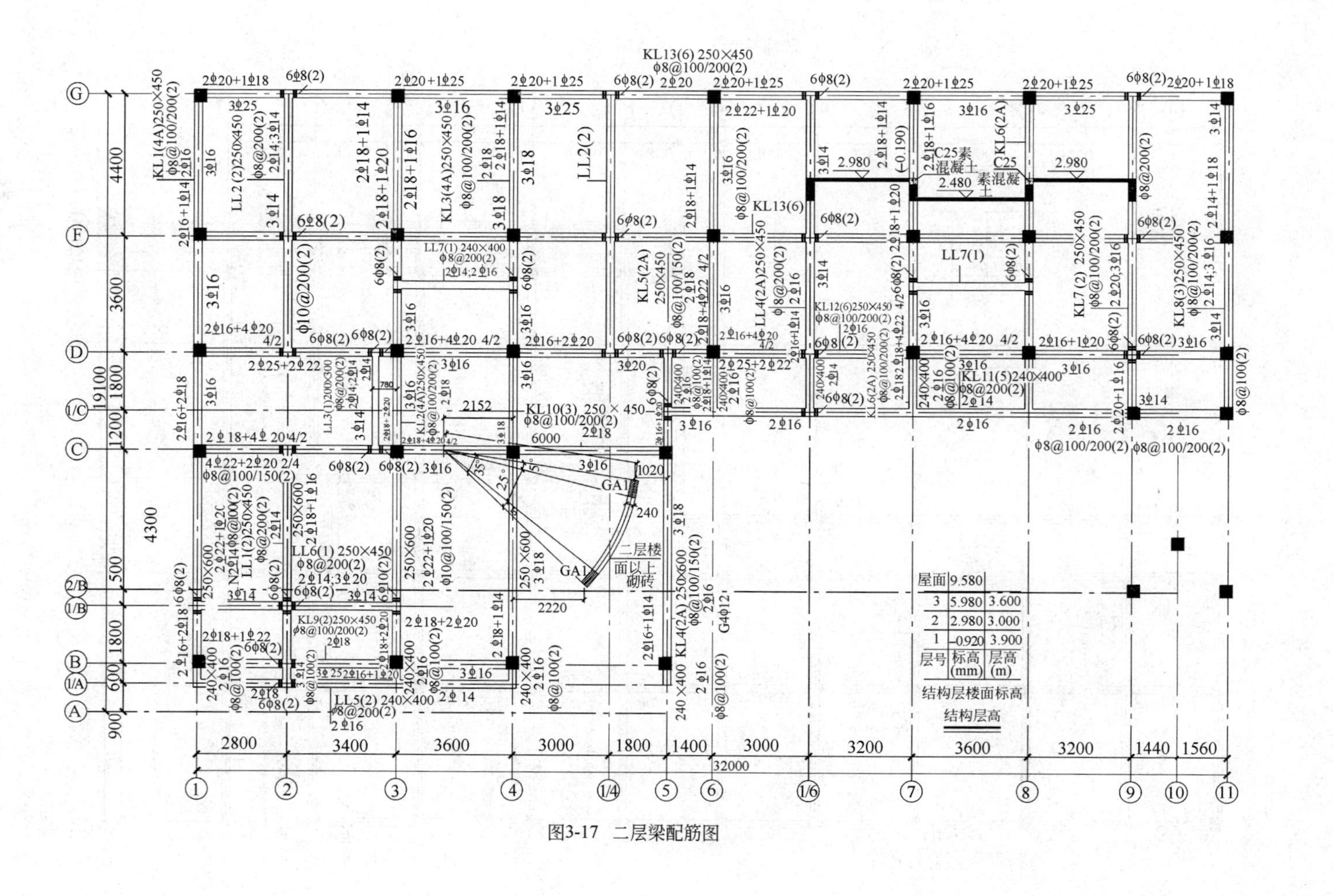
屋面 9.580
3 5.980 3.600
2 2.980 3.000
1 -0.920 3.900
层号 标高(mm) 层高(m)
结构层楼面标高
结构层高
二层楼面以上砌砖
32000
19100

图3-17　二层梁配筋图

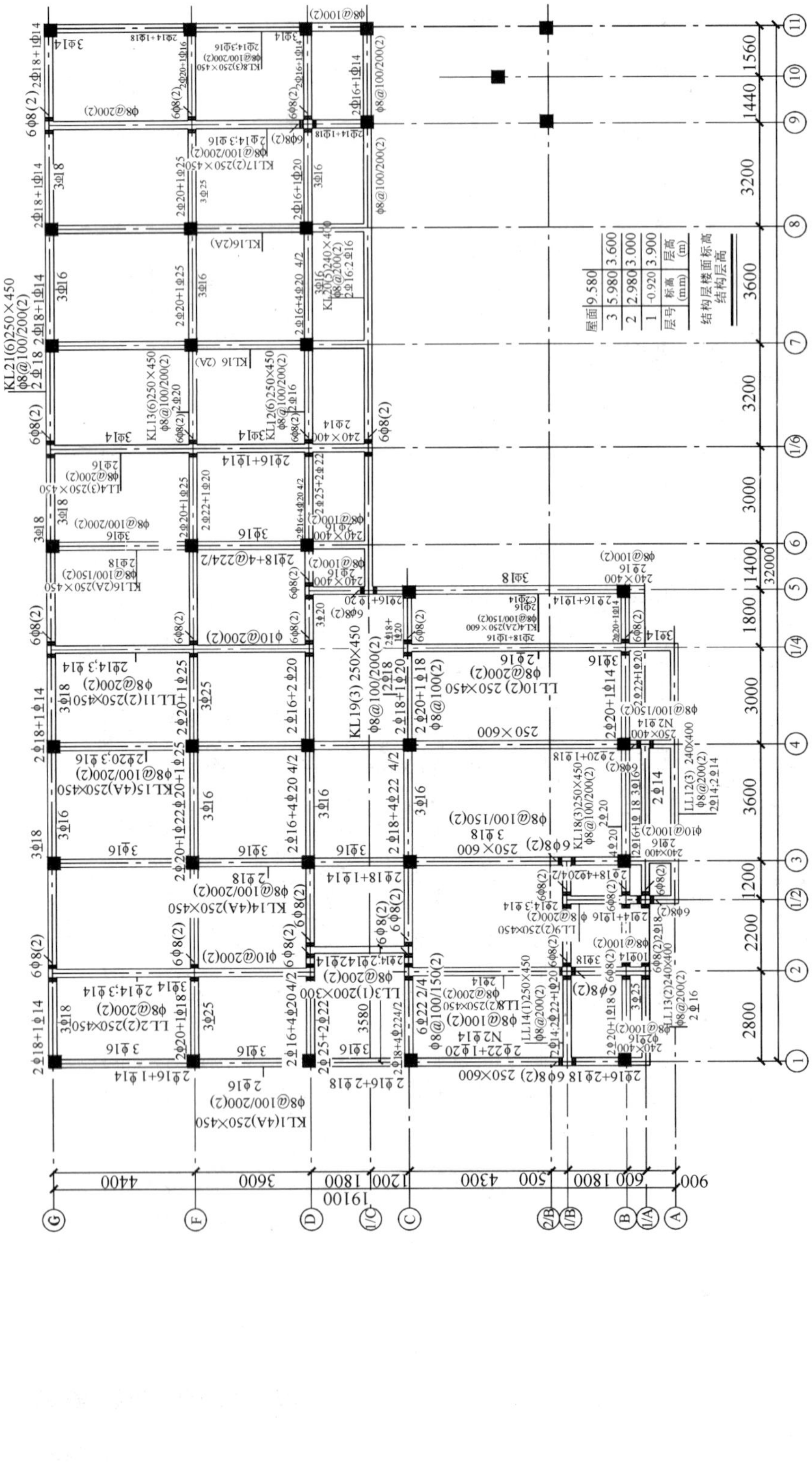

层号	标高(mm)	层高(m)
屋面	9.580	
3	5.980	3.600
2	2.980	3.000
1	-0.920	3.900

结构层楼面标高
结构层高

图3-18　三层梁配筋图

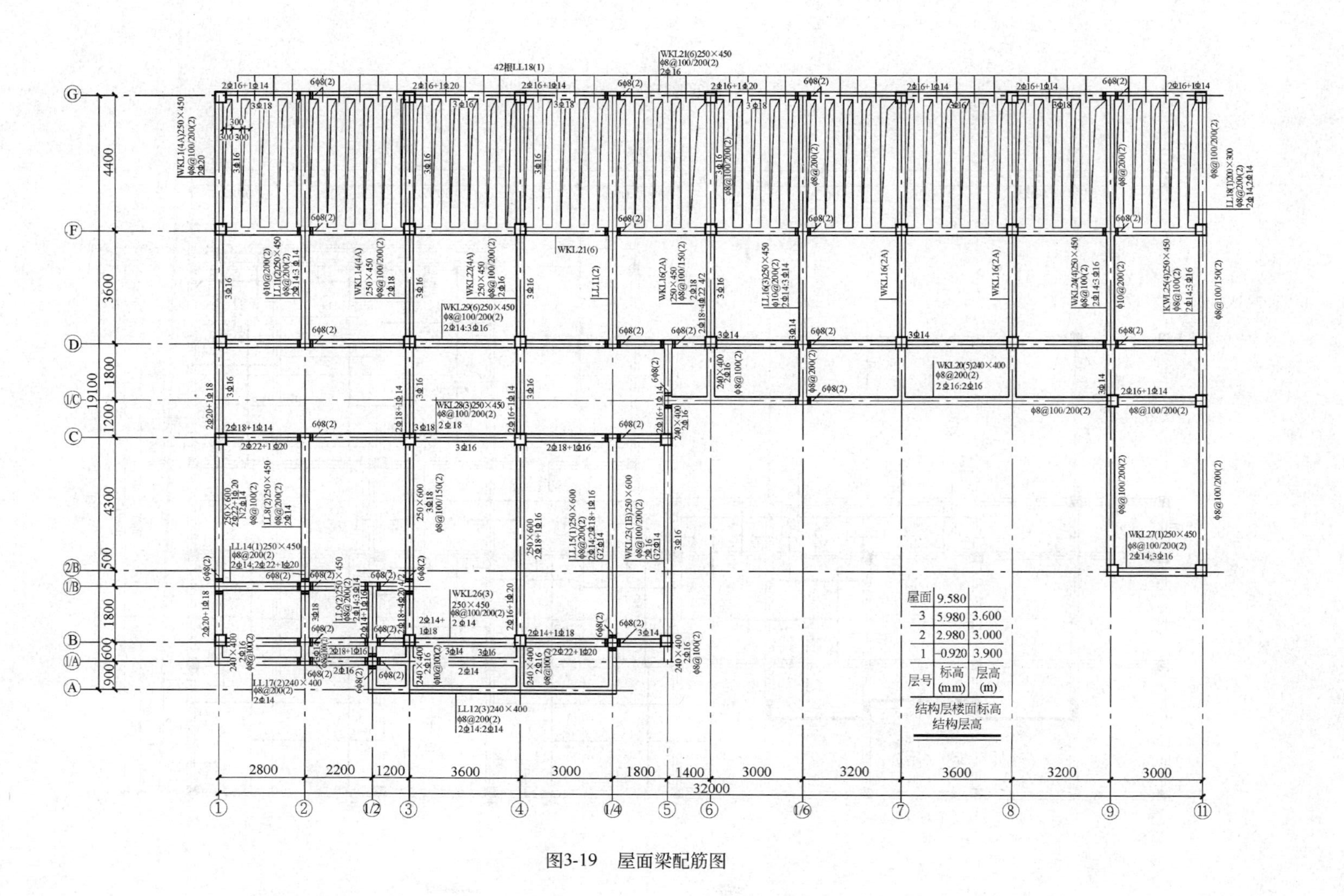
屋面 9.580
3 5.980 3.600
2 2.980 3.000
1 -0.920 3.900
层号 标高(mm) 层高(m)
结构层楼面标高
结构层高
32000
19100

图3-19 屋面梁配筋图

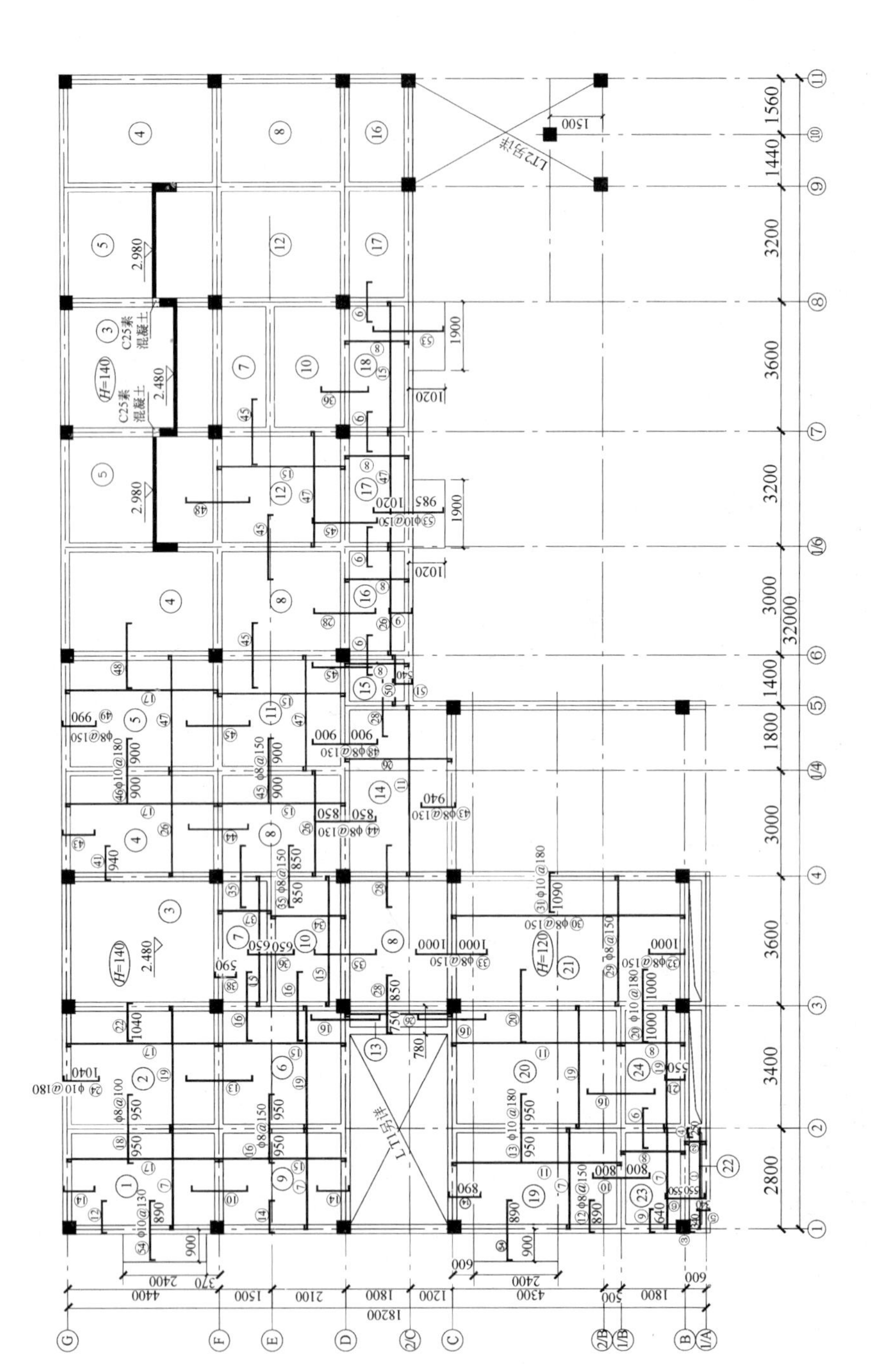
LT2另详
LT1另详
C25素混凝土
H=140
H=120
2.980
2.480
1560
1440
3200
3600
3200
3000
1400
1800
3000
3600
3400
2800
32000
4400
1500
2100
1800
1200
4300
500
1800
600
18200

图3-20　二层板配筋图

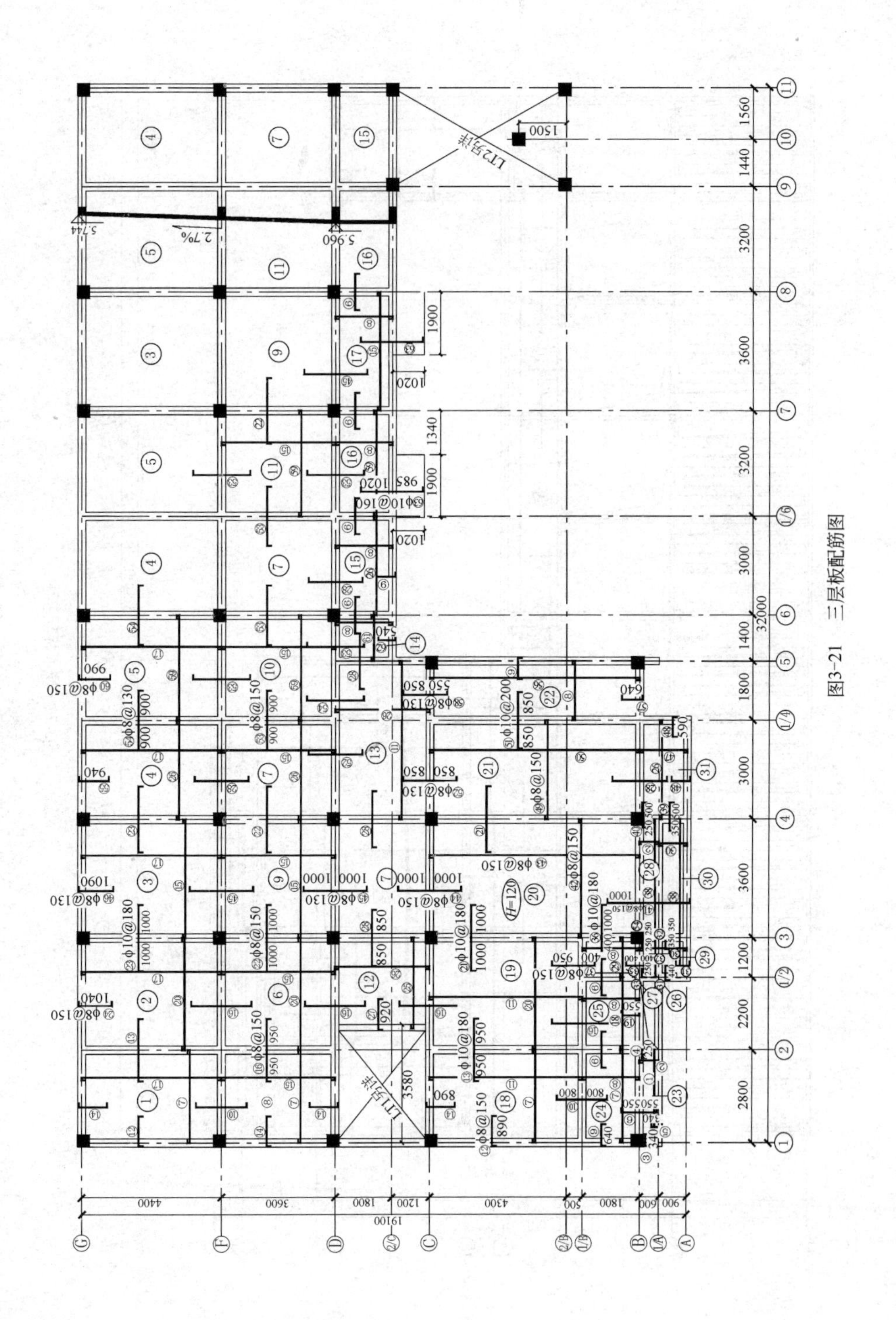

图3-21　三层板配筋图

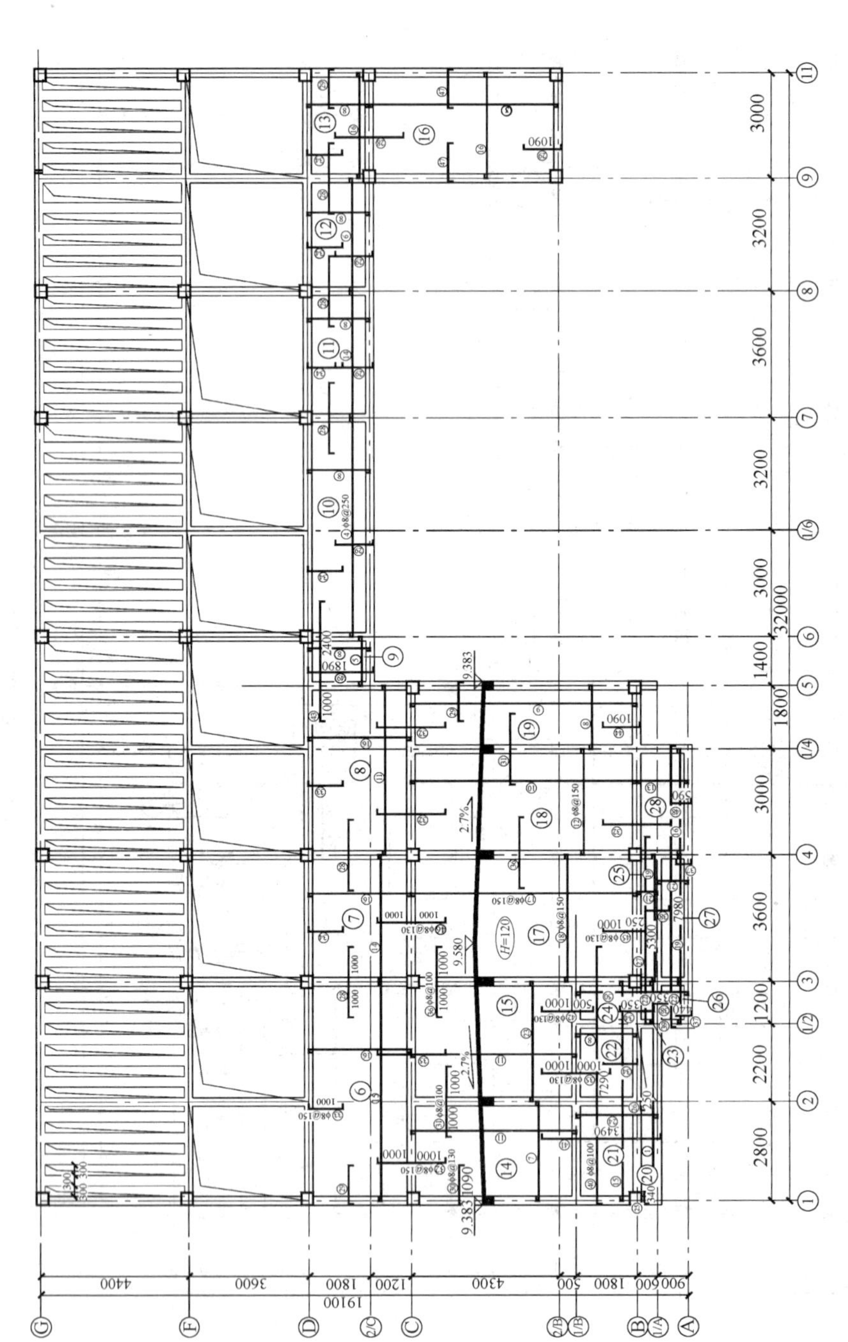

3000
3200
3600
3200
3000
1400
1800
3000
3600
1200
2200
2800
32000
4400
3600
1800
1200
4300
500
1800
600
900
19100
G
F
D
2/C
C
2/B
1/B
B
1/A
A
9.383
9.580
2.7%
H=120

图3-22 屋面板配筋图

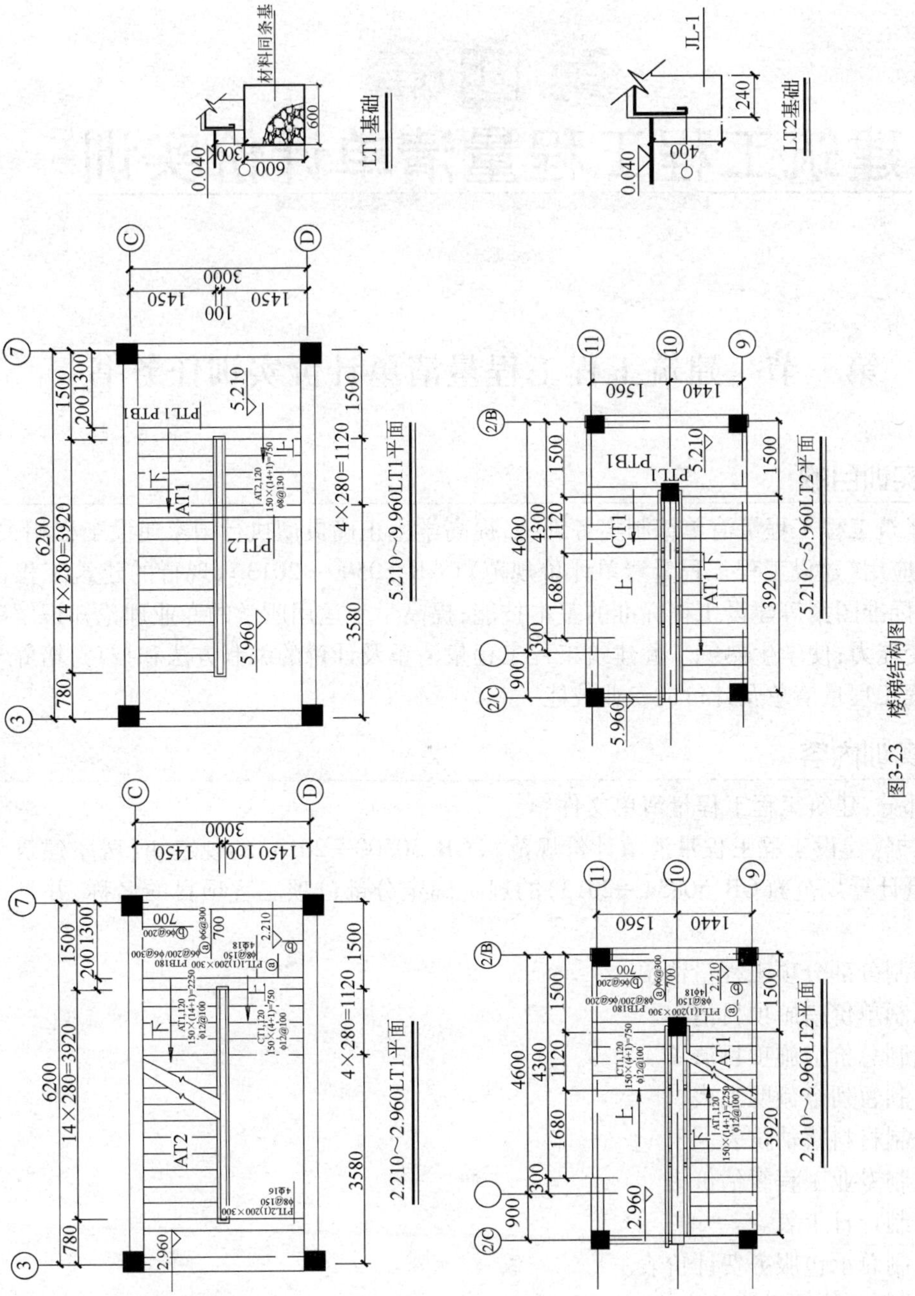

2.210～2.960LT1平面

5.210～9.960LT1平面

LT1基础

2.210～2.960LT2平面

5.210～5.960LT2平面

LT2基础

图3-23　楼梯结构图

注：1.梯段分布筋$\phi 6@250$。
　　2.平台板配分布筋$\phi 6@200$。
　　3.楼梯配筋构造见3G101-2。

第四章 建筑工程工程量清单计价实训

第一节 建筑工程工程量清单计价实训任务书

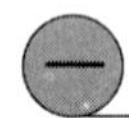 实训目的

通过建筑工程工程量清单编制实务训练,提高学生正确贯彻执行国家建设工程相关法律、法规,正确应用《建设工程工程量清单计价规范》(GB 50500—2013)、现行的建筑工程设计和施工规范、标准图集等建设工程标准的基本技能;提高学生运用所学的专业理论知识解决具体问题的应变能力;使学生熟练掌握建筑工程工程量清单及计价的编制方法和技巧,培养学生编制建筑工程工程量清单及计价的专业技能。

 实训内容

第一部分:建筑工程工程量清单文件

(1)依据《建设工程工程量清单计价规范》(GB 50500—2013)的规定和《房屋建筑与装饰工程工程量计算规范》(GB 50854—2013)的规定确定分部分项工程项目的名称,并且进行工程量计算。

(2)编制分部分项工程量清单。

(3)编制单价措施项目清单。

(4)编制总价措施项目清单。

(5)编制暂列金额明细表。

(6)编制材料暂估价表。

(7)编制专业工程暂估价表。

(8)编制计日工表。

(9)编制总承包服务费计价表。

(10)编制其他项目清单表。

(11)编制规费项目、税金项目清单表。

(12)建筑工程工程量清单编制说明。

(13)填写工程量清单文件封面。

第二部分：建筑工程招标控制价文件

(1)工程量清单综合单价分析计算。

(2)计算分部分项工程费。

(3)计算单价措施项目费。

(4)计算总价措施项目费，并汇总计算措施项目费。

(5)计算计日工费。

(6)计算总承包服务费。

(7)计算其他项目费。

(8)计算规费、税金。

(9)计算单位工程招标控制价。

(10)建筑工程招标控制价文件的编制说明。

(11)填写建筑工程招标控制价文件的封面。

三 实训要求

(1)按照指导教师要求的实训进度安排，分阶段独立完成实训内容。

(2)手工编制建筑工程工程量清单及建筑工程招标控制价文件的全部内容。

(3)学生在实训结束后，所完成的建筑工程工程量清单和建筑工程招标控制价文件必须满足以下标准：

①建筑工程工程量清单和建筑工程招标控制价文件的内容完整、正确。

②采用《建设工程工程量清单计价规范》(GB 50500—2013)统一的表格，规范填写建筑工程工程量清单及建筑工程招标控制价文件的各项内容，且字迹工整、清晰。

③按规定的顺序装订整齐。

四 考核方式及成绩评定

根据学生对所学的专业理论知识的应用能力；独立思考问题和处理问题的能力；所完成建筑工程工程量清单和建筑工程招标控制价文件的内容和各项数据计算的质量；所运用的表格填写格式是否规范，文字书写是否清晰、工整；学生在建筑工程工程量清单计价实训期间的学习态度和表现；将实训成绩评定为优、良、中、及格、不及格五个等级。

五 实训时间安排

实训时间安排见表4-1。

实训时间安排 表4-1

序号	实训内容		时间
1	建筑工程工程量清单文件	熟悉编制依据、列项目进行工程量计算；编制分部分项工程量清单	1天
2		编制措施项目清单；编制其他项目清单	0.5天
3		编制规费、税金项目清单；建筑工程工程量清单编制说明；填写封面	0.5天
4	建筑工程招标控制价文件	工程量清单综合单价分析计算；计算分部分项工程项目费	1.5天
5		计算措施项目费；计算其他项目费	0.5天
6		计算规费、税金；计算单位工程招标控制价	0.5天
7		招标控制价文件的编制说明；填写招标控制价文件封面；整理、装订	0.5天

第二节　建筑工程工程量清单实训指导书

一 编制依据

(1)施工图设计文件:收费站棚施工图设计文件。

(2)《建设工程工程量清单计价规范》(GB 50500—2013)的规定和《房屋建筑与装饰工程工程量计算规范》(GB 50854—2013)的相关规定。

(3)国家或省级、行业建设主管部门颁发的计价定额和计价办法。

(4)招标文件中的工程量清单及有关要求。

(5)与建设项目相关的标准、规范、技术资料。

(6)工程造价管理机构发布的工程造价信息;工程造价信息没有发布的参照市场价。

(7)工程所在地一般施工单位对于该类工程常规的施工方法(由指导老师根据当地建筑工程生产技术水平拟定)。

(8)建筑工程招标条件。

(9)工程造价管理法规文件。

二 编制条件

(1)本工程是位于某市高速公路收费站。

(2)施工现场"四通一平"准备工作已完成,符合开工条件。

(3)现场场地地下水位较低,施工时不考虑地下水排降的因素。

(4)土方采用全部外运、全部外购,土方运距5km。

(5)金属构件外加工地距施工现场10km。

(6)现浇钢筋混凝土基础的混凝土采用混凝土搅拌机现场拌和。

(7)建设单位提供备料款,所有建筑材料由施工单位采购。

三 编制步骤和方法

第一部分:建筑工程工程量清单文件(编制步骤和方法同第三章)

第二部分:建筑工程招标控制价文件

1.分析分部分项工程量清单项目的综合单价

1)综合单价概念

综合单价是指完成一个规定计量单位的分部分项工程量清单项目或措施清单项目所需的人工费、材料费、施工机械使用费和企业管理费与利润,以及一定范围内的风险费用。风险范围及其费用应该由招标人在招标文件中明确规定。

招标文件提供了暂估单价的材料,按暂估单价计入综合单价。

综合单价=人工费+材料费+机械费+风险费+管理费+利润

2)分部分项工程量清单项目综合单价的分析计算

(1)收集并熟悉工程量清单计价文件的编制依据。

(2)分析工程量清单项目的工程特征及工程内容,确定综合单价分析的计价定额项目。

(3)计算计价定额项目的工程量,并将结果填入表4-2中。

分部分项工程量计算表　　　　表4-2

工程名称:　　　　标段:　　　　第　页　共　页

定额编号	项目名称	计算式	计量单位	工程数量	备　注

(4)分析计算计价定额项目的人工费、材料费、机械费。

套与计价定额配套的地区单位估价表,分析计算计价定额项目的人工费、材料费,机械费。

计价定额项目的人工费 = 定额项目工程量 × 单位估价表的综合人工单价

计价定额项目的材料费 = 定额子目工程量 × 单位估价表的材料单价

计价定额项目的机械台班费 = 定额子目工程量 × 单位估价表的施工机械单价

(5)分析计算分部分项工程量清单项目的人工费、材料费、机械费。

$$\text{分部分项工程量清单项目的人工费} = \frac{\sum_{i=1}^{n}\text{组价定额项目的人工费}\, i}{\text{工程量清单项目的工程量}}$$

$$\text{分部分项工程量清单项目的材料费} = \frac{\sum_{i=1}^{n}\text{组价定额项目的材料费}\, i}{\text{工程量清单项目的工程量}}$$

$$\text{分部分项工程量清单项目的机械费} = \frac{\sum_{i=1}^{n}\text{组价定额项目的机械费}\, i}{\text{工程量清单项目的工程量}}$$

(6)分析计算分部分项工程量清单项目的管理费、利润、风险费。

分部分项工程量清单项目的管理费、利润、风险费的分析计算,根据工程所在地现行的建设工程费用定额规定的计费基础和计费费率计算管理费和利润,根据招标人明确的风险范围及费用计算风险费。

(7)分析计算分部分项工程量清单项目的综合单价。

分部分项工程量清单项目的综合单价

= 人工费 + 材料费 + 机械费 + 风险费 + 管理费 + 利润

工程量清单综合单价分析表如表4-3所示。

工程量清单综合单价分析表

表 4-3

工程名称:　　　　　　　　　　　　　　　　标段:　　　　　　　　　　　　　　　　第　页　共　页

<table>
<tr><td colspan="2">项目编码</td><td colspan="2"></td><td colspan="2">项目名称</td><td colspan="2"></td><td colspan="2">计量单位</td><td colspan="2"></td></tr>
<tr><td colspan="12">清单综合单价组成明细</td></tr>
<tr><td rowspan="2">定额编号</td><td rowspan="2">定额名称</td><td rowspan="2">定额单位</td><td rowspan="2">数量</td><td colspan="4">单　价</td><td colspan="4">合　价</td></tr>
<tr><td>人工费</td><td>材料费</td><td>机械费</td><td>管理费和利润</td><td>人工费</td><td>材料费</td><td>机械费</td><td>管理费和利润</td></tr>
<tr><td></td><td></td><td></td><td></td><td></td><td></td><td></td><td></td><td></td><td></td><td></td><td></td></tr>
<tr><td></td><td></td><td></td><td></td><td></td><td></td><td></td><td></td><td></td><td></td><td></td><td></td></tr>
<tr><td></td><td></td><td></td><td></td><td></td><td></td><td></td><td></td><td></td><td></td><td></td><td></td></tr>
<tr><td></td><td></td><td></td><td></td><td></td><td></td><td></td><td></td><td></td><td></td><td></td><td></td></tr>
<tr><td></td><td></td><td></td><td></td><td></td><td></td><td></td><td></td><td></td><td></td><td></td><td></td></tr>
<tr><td></td><td></td><td></td><td></td><td></td><td></td><td></td><td></td><td></td><td></td><td></td><td></td></tr>
<tr><td></td><td></td><td></td><td></td><td></td><td></td><td></td><td></td><td></td><td></td><td></td><td></td></tr>
<tr><td></td><td></td><td></td><td></td><td></td><td></td><td></td><td></td><td></td><td></td><td></td><td></td></tr>
<tr><td></td><td></td><td></td><td></td><td></td><td></td><td></td><td></td><td></td><td></td><td></td><td></td></tr>
<tr><td></td><td></td><td></td><td></td><td></td><td></td><td></td><td></td><td></td><td></td><td></td><td></td></tr>
<tr><td colspan="2">人工单价</td><td colspan="6">小计</td><td></td><td></td><td></td><td></td></tr>
<tr><td colspan="2">元/工日</td><td colspan="6">未计价材料费</td><td></td><td></td><td></td><td></td></tr>
<tr><td colspan="8">清单项目综合单价</td><td></td><td></td><td></td><td></td></tr>
<tr><td rowspan="8">材料费明细</td><td colspan="5">主要材料名称、规格、型号</td><td>单位</td><td>数量</td><td>单价
(元)</td><td>合价
(元)</td><td>暂估单价(元)</td><td>暂估合价(元)</td></tr>
<tr><td colspan="5"></td><td></td><td></td><td></td><td></td><td></td><td></td></tr>
<tr><td colspan="5"></td><td></td><td></td><td></td><td></td><td></td><td></td></tr>
<tr><td colspan="5"></td><td></td><td></td><td></td><td></td><td></td><td></td></tr>
<tr><td colspan="5"></td><td></td><td></td><td></td><td></td><td></td><td></td></tr>
<tr><td colspan="5"></td><td></td><td></td><td></td><td></td><td></td><td></td></tr>
<tr><td colspan="7">其他材料费</td><td></td><td></td><td></td><td></td></tr>
<tr><td colspan="7">材料费小计</td><td></td><td></td><td></td><td></td></tr>
</table>

2. 分部分项工程项目费计算

分部分项工程费应根据招标文件中的分部分项工程量清单项目的特征描述及有关要求,按《建设工程工程量清单计价规范》(GB 50500—2013)相关条款的规定确定综合单价计算。

招标人填写的项目编码、项目名称、项目特征、计量单位、工程量必须与工程量清单文件一致。并将计算结果填入表 4-4。

分部分项工程费 = Σ(工程量清单项目的工程数量 × 工程量清单项目的综合单价)

分部分项工程量清单计价表　　表4-4

工程名称：　　标段：　　第　页　共　页

序号	项目编码	项目名称	项目特征描述	计量单位	工程数量	金额(元)		
						综合单价	合价	其中：暂估价
本页小计								
合计								

3.措施项目费计算

措施清单项目单价的分析计算一般分为以下两类：

(1)单价措施项目应参照分部分项工程量清单的方式采用综合单价计价。如混凝土、钢筋混凝土模板及支架,脚手架,垂直运输机械等措施费均是采用这类方法。其分析计算表如表4-5所示。

单价措施项目清单计价表　　表4-5

工程名称：　　标段：　　第　页　共　页

序号	项目编码	项目名称	项目特征描述	计量单位	工程数量	金额(元)	
						综合单价	合价
本页小计							
合计							

(2)总价措施项目费按照费用定额的计费基础和费率计算,如安全文明施工费、夜间施工费、二次搬运费、冬雨季施工费等措施费均是采用这类方法。其中,措施项目清单中的安全文明施工费应按照国家或省级、行业建设主管部门的规定计价,不得作为竞争性费用。并将计算结果填入表4-6。

总价措施项目清单计价表　　表4-6

工程名称：　　标段：　　第　页　共　页

序号	项目名称	计算基础	费率(%)	金额(元)	调整费率(%)	调整后金额(元)	备注
1	安全文明施工费						
2	夜间施工费						

续上表

序号	项目名称	计算基础	费率(%)	金额(元)	调整费率(%)	调整后金额(元)	备注
3	非夜间施工照明费						
4	二次搬运费						
5	冬雨季施工						
6	地上、地下设施、建筑物的临时保护设施						
7	已完工程及设备保护						
合　计							

4. 其他项目费计算

其他项目费应按下列规定计价:

(1)暂列金额应根据工程特点,按有关计价规定估算,并将暂列金额计入招标总价。

(2)暂估价中的材料单价应根据工程造价信息或参照市场价格估算,编制招标控制价时,应该计入工程量清单综合单价中。暂估价中的专业工程金额应分不同专业,按有关计价规定估算,并计入招标控制价中。

(3)计日工应根据工程特点和有关计价依据计算,并将结果填入表4-7。

计 日 工 计 价 表　　表4-7

工程名称:　　标段:　　第　页　共　页

编号	项目名称	计量单位	暂 定 数 量	实际数量	综合单价	合价(元)	
						暂定	实际
一	人工						
人工小计							
二	材料						
材料小计							
三	施工机械						
施工机械小计							
总　计							

(4)编制招标控制价时,总承包服务费应根据工程量清单文件列出的项目名称和服务内容填写,费率及金额由招标人按有关计价规定确定,并将结果填入表4-8。

总承包服务费计价表 表 4-8

工程名称： 标段： 第 页 共 页

序号	项目名称	项目价值(元)	服务内容	计算基础	费率(%)	金额(元)
合　计						

当所有其他项目费的内容全部确定之后，将其他项目费汇总填入表 4-9。

其他项目清单计价汇总表 表 4-9

工程名称： 标段： 第 页 共 页

序号	项目名称	金额(元)	结算金额(元)	备　注
	合　计			

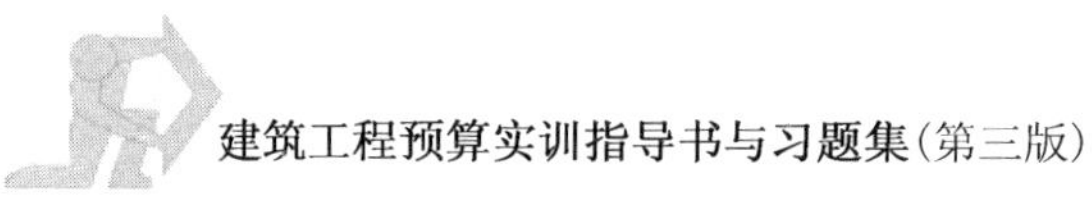

5. 规费、税金计算

规费和税金应按国家或省级、行业建设主管部门的规定计算,不得作为竞争性费用。并将规费、税金计算结果汇总填入表4-10。

规费、税金项目清单计价表　　表4-10

工程名称:　　标段:　　第　页　共　页

序号	项目名称	计算基础	计算基数	费率(%)	金额(元)
1	规费				
1.1	社会保障费				
(1)	养老保险费				
(2)	失业保险费				
(3)	医疗保险费				
(4)	工伤保险费				
(5)	生育保险费				
1.2	住房公积金				
1.3	工程排污费				
2	税金				
合　计					

6. 计算单位工程招标控制价

计算单位工程招标控制价,并将计算结果汇总填入表4-11。

招标控制价应在招标时公布,不应上调或下浮,招标人应将招标控制价及有关资料报送工程所在地工程造价管理机构备查。

投标人经复核认为招标人公布的招标控制价未按照《建设工程工程量清单计价规范》(GB 50500—2013)的规定进行编制的,应在开标前5天向招投标监督机构或(和)工程造价管理机构投诉。招投标监督机构应会同工程造价管理机构对投诉进行处理,发现确有错误的,应责成招标人修改。

7. 建筑工程招标控制价文件编制说明

确定招标控制价后,应对所有计算数据进行复核,复核无误后,编写招标控制价文件的编制说明,建筑工程招标控制价编制说明一般包括以下内容:

(1)建筑工程招标控制价文件编制依据。

(2)建筑工程招标控制价计价范围。

(3)其他需要说明的问题。

单位工程招标控制价汇总表 表4-11

工程名称: 标段: 第 页 共 页

序号	汇总内容	金额 (元)	其中:暂估价(元)
1	分部分项工程		
1.1			
1.2			
1.3			
1.4			
1.5			
2	措施项目		
2.1	其中:安全文明施工费		
3	其他项目		
3.1	其中:暂列金额		
3.2	其中:专业工程暂估价		
3.3	其中:计日工		
3.4	其中:总承包服务费		
4	规费		
5	税金		
招标控制价合计=1+2+3+4+5			

四 装订顺序

第一部分:建筑工程工程量清单文件

自上而下:

封面→编制说明→分部分项工程量清单表→单价措施项目清单表→总价措施项目清单表→其他项目清单表→暂列金额明细表→材料暂估单价表→专业工程暂估价表→计日工表→总承包服务费表→规费、税金项目清单表→工程量计算表→封底。

第二部分:建筑工程招标控制价文件

自上而下:

封面→编制说明→单位工程招标控制价汇总表→分部分项工程量清单计价表→单价措施项目清单计价表→总价措施项目清单计价表→其他项目清单计价汇总表规费、税金项目清单计价表→计日工计价表→总承包服务费计价表→分部分项工程清单综合单价分析表→措施项目清单综合单价分析表→封底。

第三节　收费棚施工图设计文件

一 建筑设计说明

(1)设计范围:有关本收费棚的基础、柱、钢架设计;有关收费棚的屋面板、外形装饰的控制设计。

(2)设计标高:以收费岛岛面为 ±0.000,岛面 ±0.000 相当于绝对标高 522.630m。

(3)建筑用料:基础为钢筋混凝土基础;柱为 ϕ914 钢管;收费棚体为钢架;屋面板采用灰白色阳光板;屋顶钢架型钢外涂蓝灰色金属防锈漆;柱面采用外包银灰色哑光铝塑板,柱直径为 d = 926mm;收费棚顶部字体为 2000mm × 2000mm 楷体字型,采用红色 3mm 厚镀锌钢板制作。

(4)结构部分的基础、柱、钢架等根据设计图纸及有关施工及施工验收规范施工,施工中发现问题及时与设计院联系。

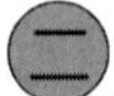

二 结构设计说明

(1)本工程抗震设防烈度为 6 度。上部结构为钢架;基础为钢筋混凝土,基础混凝土为 C30,施工时应将地表杂填土及松散土层彻底清除,基坑采用素土回填夯实,回填土压实系数 ≥0.94。

(2)所有钢构件均选用 Q235B 钢材,且应具有良好的可焊性和抗冲击韧性,并应符合国家材料规范的相关规定;螺栓采用钢结构扭剪型高强度螺栓,其材质及规格应符合《钢结构用扭剪型高强度螺栓连接副》(GB/T 3632—2008)的规定。

(3)所有主要构件钢材表面应进行喷射除锈,并达到建筑工程施工及验收规范相关规定的除锈等级要求,刷防锈漆两遍,刷调和漆两遍。

(4)施工时应按照现行施工及验收规范、规程施工。

(5)图例:高强螺栓◆、安装螺栓◆、螺栓孔●。

(6)发现问题及时与设计院联系。

(7)构件表见表 4-12。

构　件　表　　表 4-12

构件类型	构件编号	截面尺寸	备　注
梁	L1	H650mm × 350mm × 8mm × 16mm	Q235
檩条	LL1	H300mm × 200mm × 6mm × 10mm	Q235
水平支撑	SC-1	ϕ16	
水平支撑	SC-2	ϕ16	
柱	Z1	ϕ914 × 12	Q235

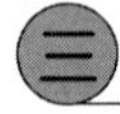

三 收费棚施工图

收费棚施工图如图 4-1 ~ 图 4-9 所示。

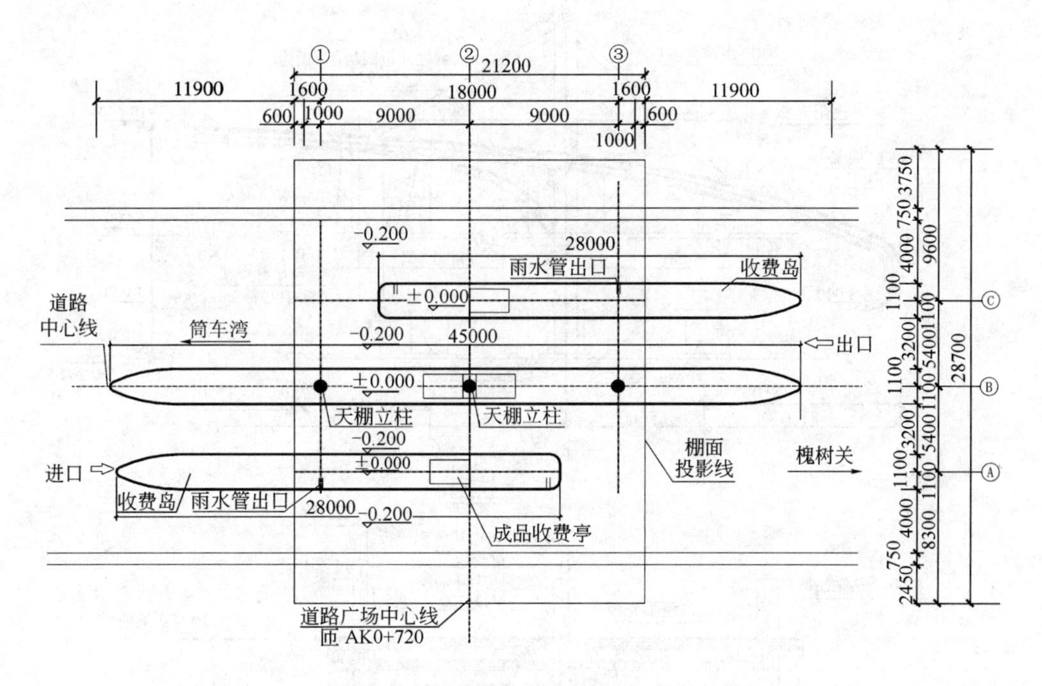

收费棚平面图

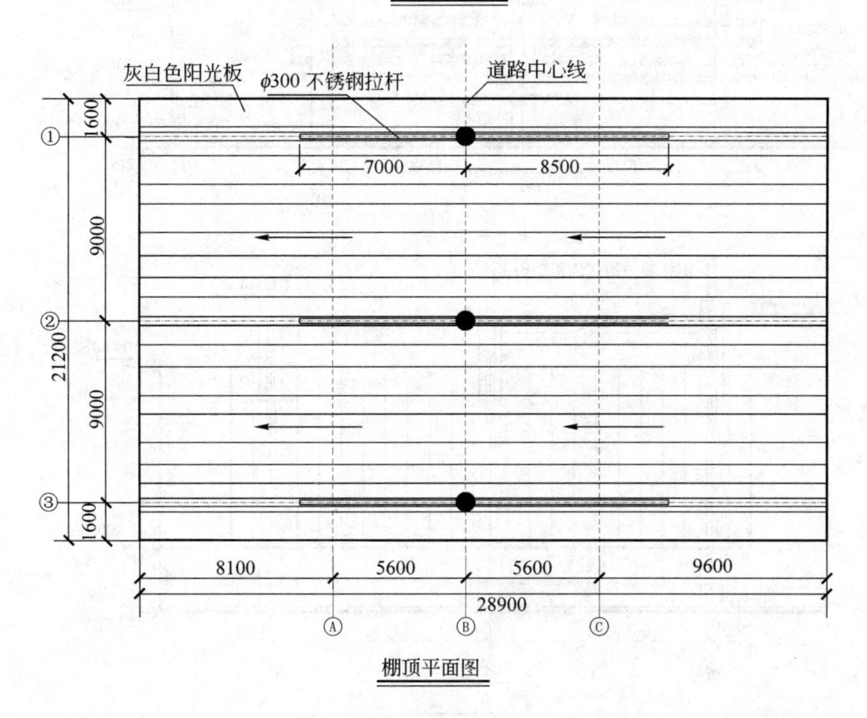

棚顶平面图

图 4-1　平面图

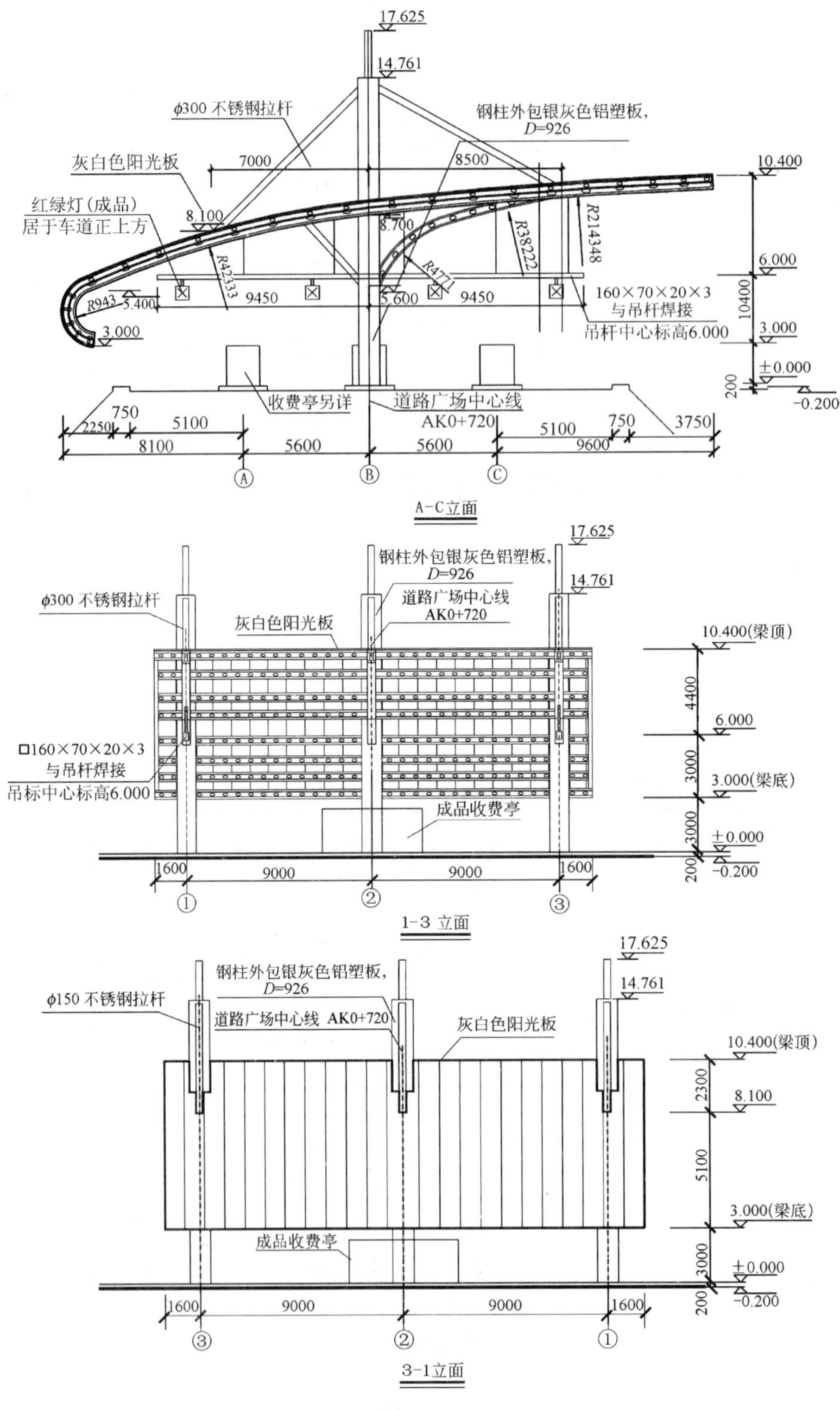

17.625
14.761
ϕ300 不锈钢拉杆
钢柱外包银灰色铝塑板，
D=926
灰白色阳光板
7000
8500
10.400
红绿灯(成品)
居于车道正上方
8.100
8.700
R42333
R38222
R214348
R4771
6.000
R943
5.400
9450
5.600
9450
160×70×20×3
与吊杆焊接
10400
3.000
吊杆中心标高6.000
3.000
±0.000
200
-0.200
收费亭另详
道路广场中心线
AK0+720
2250
750
5100
5100
750
3750
8100
5600
5600
9600
A-C立面
17.625
钢柱外包银灰色铝塑板，
D=926
14.761
ϕ300 不锈钢拉杆
道路广场中心线
AK0+720
灰白色阳光板
10.400(梁顶)
4400
6.000
□160×70×20×3
与吊杆焊接
吊标中心标高6.000
3000
3.000(梁底)
成品收费亭
3000
±0.000
200
-0.200
1600
9000
9000
1600
1-3 立面
17.625
钢柱外包银灰色铝塑板，
D=926
14.761
ϕ150 不锈钢拉杆
道路广场中心线 AK0+720
灰白色阳光板
10.400(梁顶)
2300
8.100
5100
3.000(梁底)
成品收费亭
3000
±0.000
200
-0.200
1600
9000
9000
1600
3-1立面

图 4-2　立面图

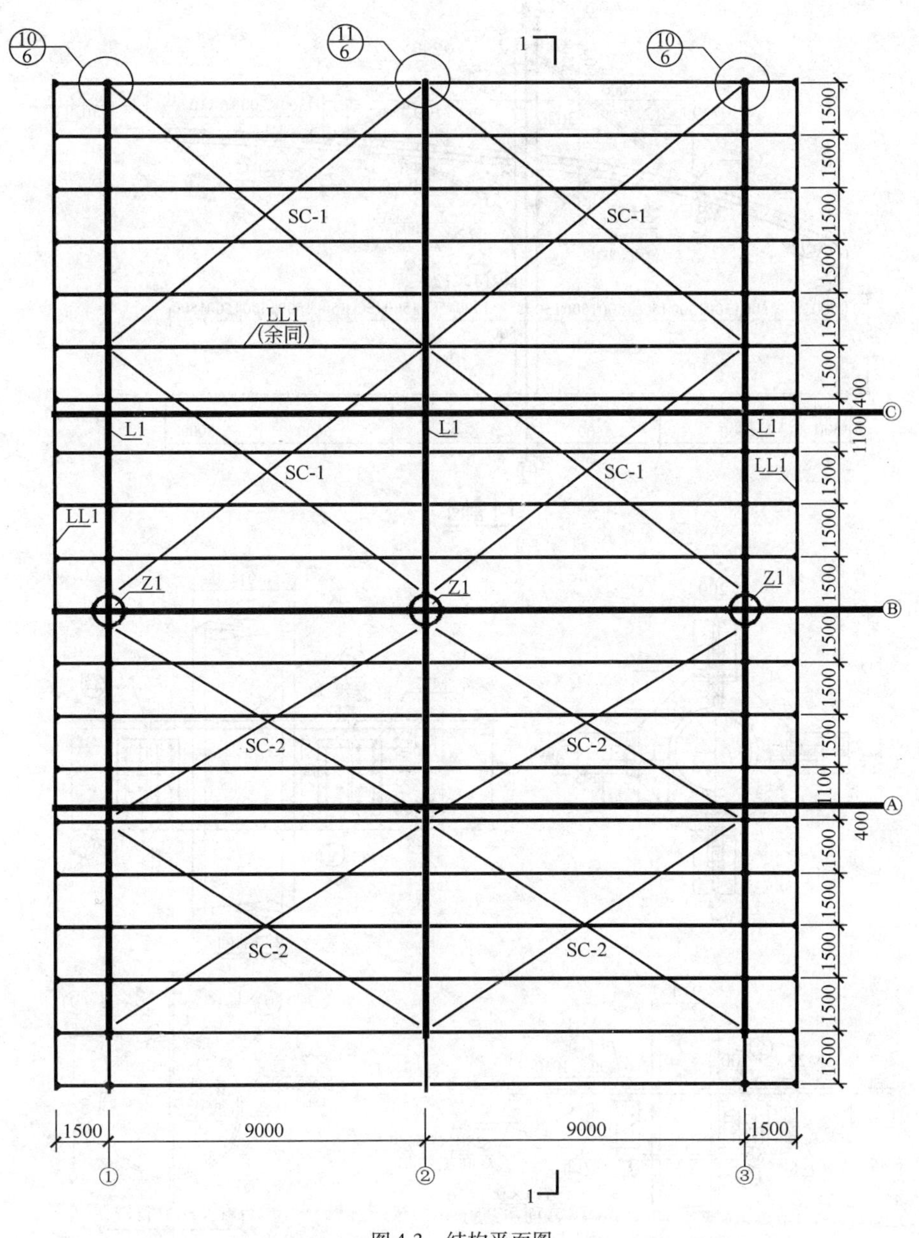

10
6
11
6
10
6
1
SC-1
SC-1
LL1
(余同)
L1
L1
L1
LL1
SC-1
SC-1
LL1
Z1
Z1
Z1
SC-2
SC-2
SC-2
SC-2
1500
9000
9000
1500
1500
400
1100
1100
400
①
②
③
Ⓐ
Ⓑ
Ⓒ
1

图 4-3　结构平面图

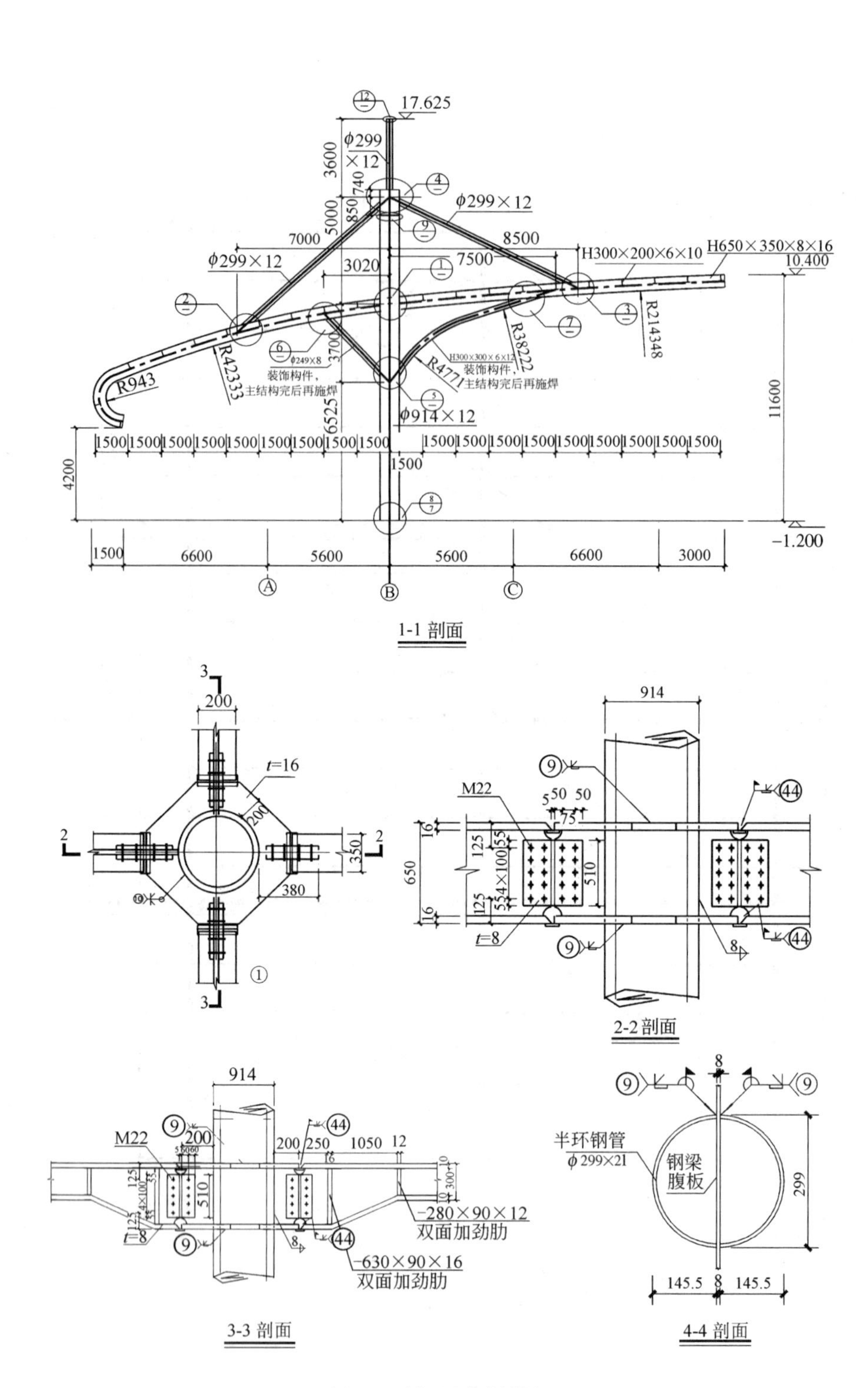

图 4-4　剖面及节点详图 1

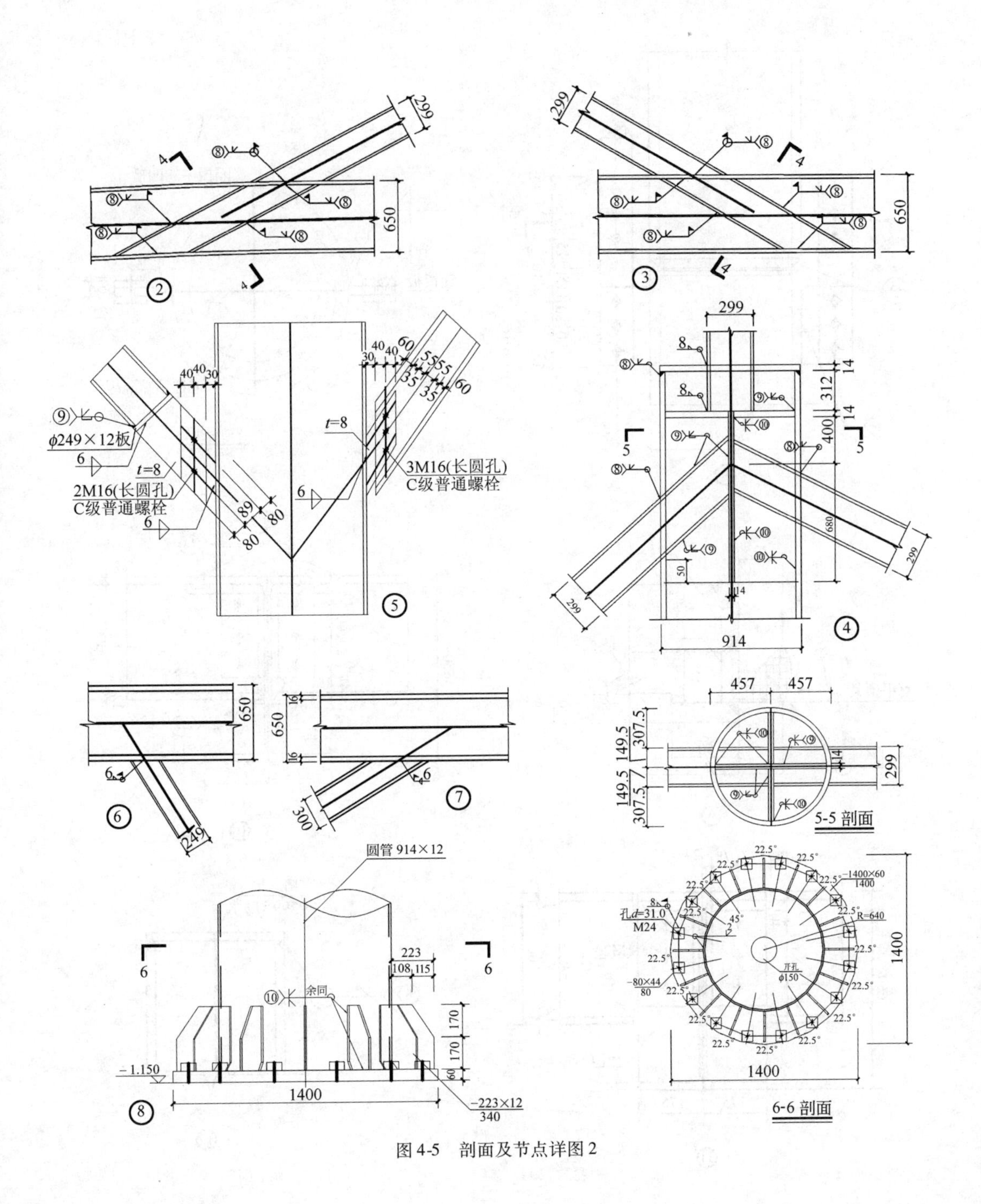

图 4-5 剖面及节点详图 2

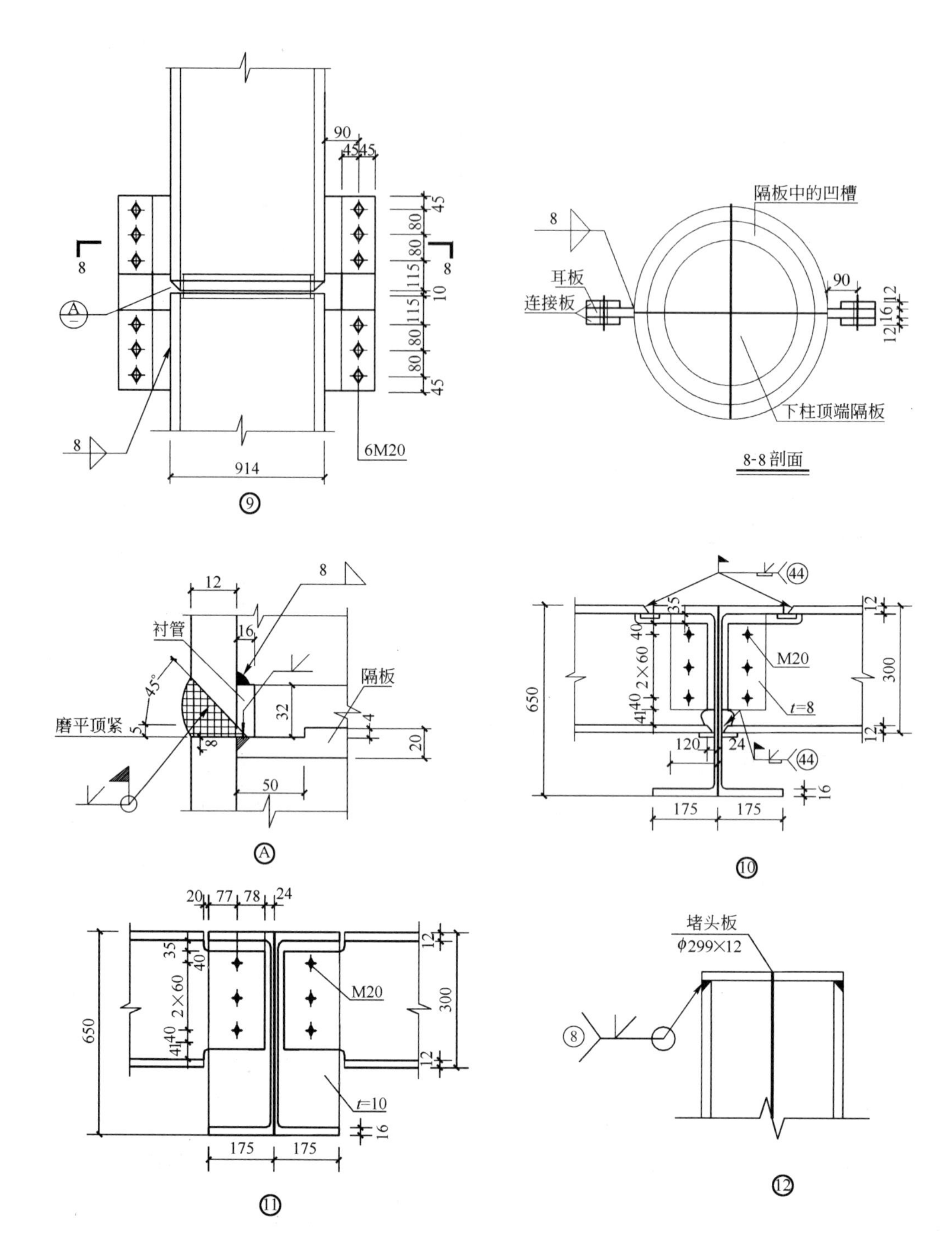

图 4-6　剖面及节点详图 3

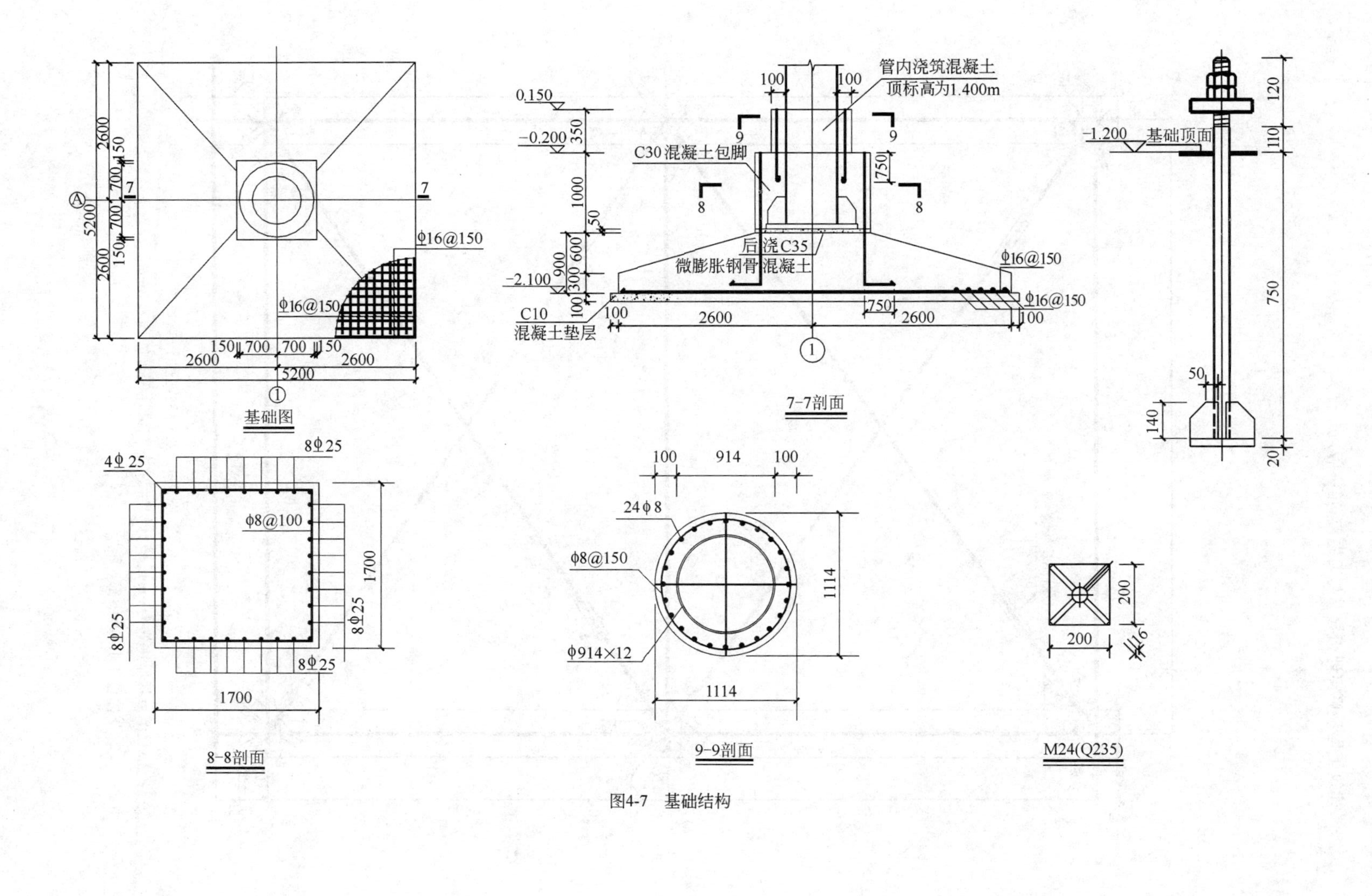
基础图
7-7剖面
8-8剖面
9-9剖面
M24(Q235)
管内浇筑混凝土
顶标高为1.400m
C30混凝土包脚
后浇C35
微膨胀钢骨混凝土
C10
混凝土垫层
基础顶面
φ16@150
φ8@100
φ8@150
φ914×12
24φ8
8φ25
4φ25
5200
2600
1700
1114
914
0.150
-0.200
-2.100
-1.200

图4-7 基础结构

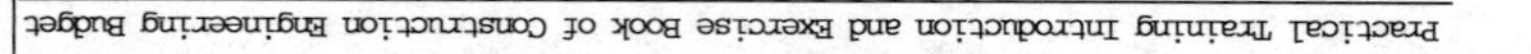

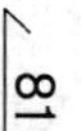

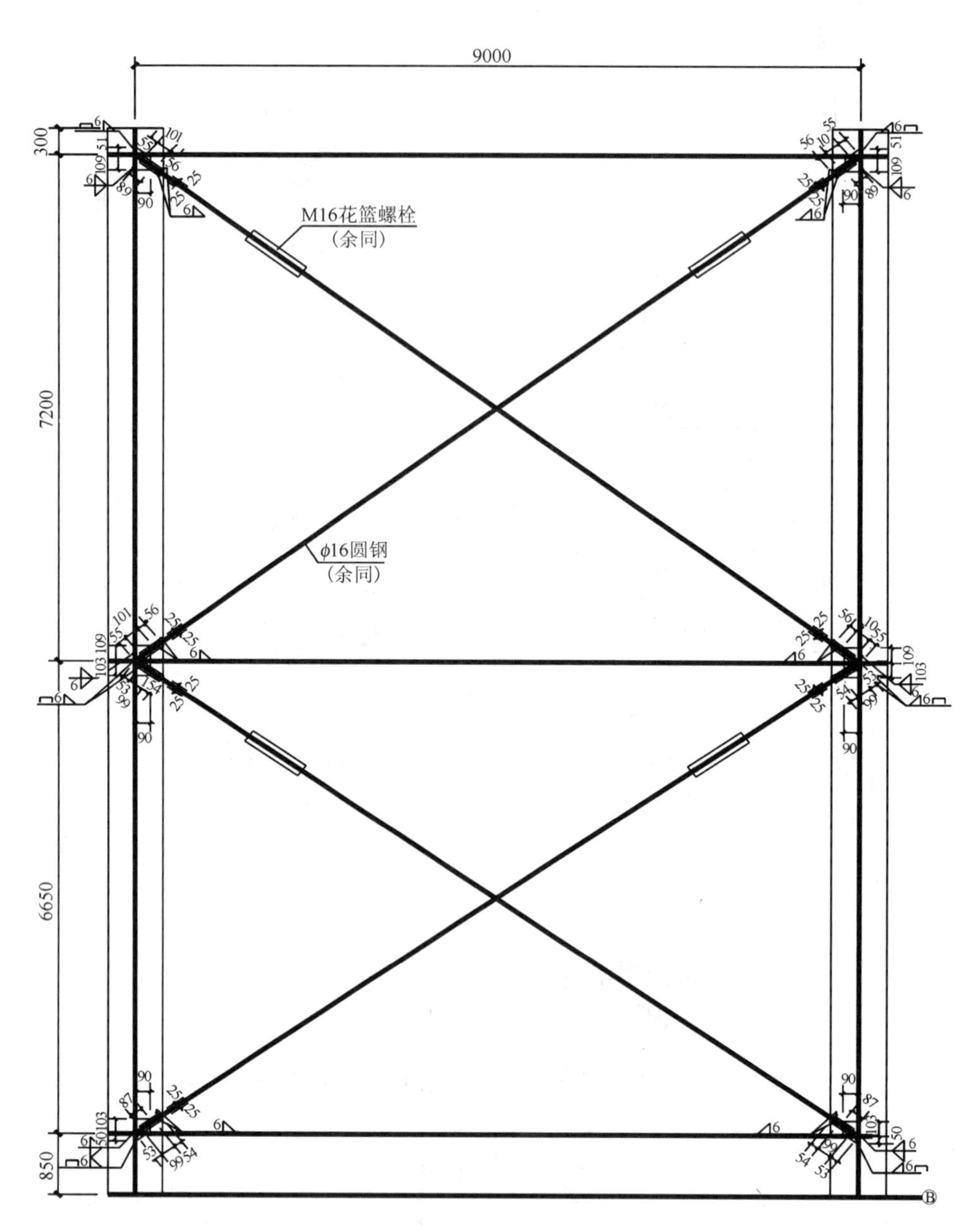

图 4-8　支撑布置图 1

注:1. 节点板厚度均为 6mm,所有构件均满焊,未注明焊缝均为 6mm。

2. 支撑位于 L1 梁中部。

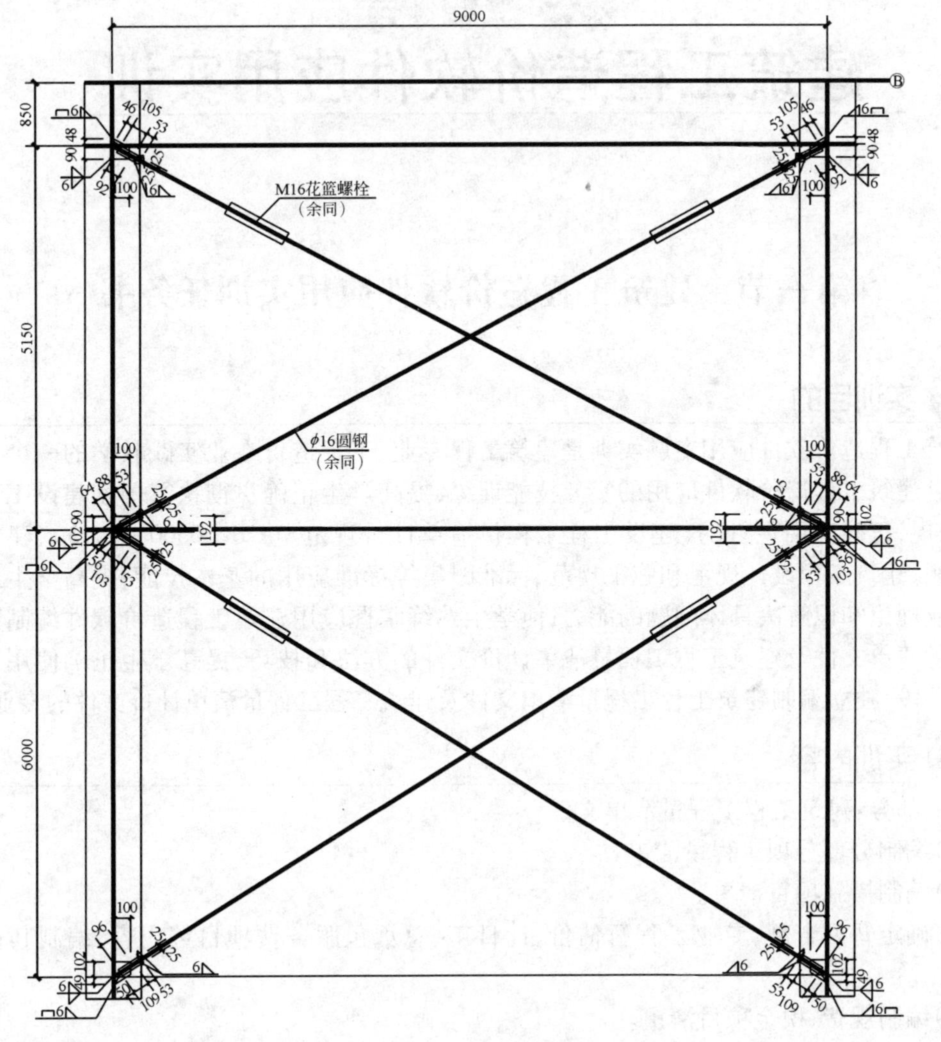

图 4-9　支撑布置图 2

注：1. 节点板厚度均为 6mm，所有构件均满焊，未注明焊缝均为 6mm。

2. 支撑位于 L1 梁中部。

第五章 建筑工程造价软件应用实训

第一节　建筑工程造价软件应用实训任务书

 实训目的

建筑工程造价软件应用专题实训是建筑工程专业、工程造价专业实践教学的一个重要内容。通过建筑工程造价软件应用的实务技能训练,提高学生正确贯彻执行国家建设工程相关法律、法规,正确应用现行的《建设工程工程量清单计价规范》(GB 50500—2013)、建筑工程预算定额、建筑工程设计规范和施工规范、标准图集等标准应用的基本技能;提高学生运用所学的专业理论知识解决具体问题的能力;使学生熟练掌握应用建筑工程造价软件编制建筑工程工程量清单文件及建筑工程工程量清单计价文件的方法和技巧,提高学生正确使用现代科学技术手段,独立编制建筑工程工程量清单文件及建筑工程工程量清单计价文件的专业技能。

 实训内容

第一部分:建筑工程工程量清单文件

(1)编制分部分项工程量清单。

(2)编制措施项目清单。

(3)确定暂列金额、专业工程暂估价、计日工、总承包服务费项目等内容,编制其他项目清单。

(4)编制规费、税金项目清单。

(5)建筑工程工程量清单文件编制说明。

第二部分:建筑工程工程量清单计价文件

(1)分部分项工程项目的综合单价分析。

(2)计算分部分项工程项目费。

(3)计算措施项目费。

(4)计算其他项目费。

(5)计算规费、税金项目费。

(6)单位工程造价汇总计算。

(7)建筑工程工程量清单计价文件编制说明。

三 实训要求

(1)按照指导教师要求的实训进度安排,分阶段独立完成实训内容。

(2)使用建筑工程造价软件独立编制完成建筑工程工程量清单文件及建筑工程工程量清单计价文件的全部内容。

(3)学生在实训结束后,所完成的建筑工程工程量清单文件及建筑工程工程量清单计价文件必须满足以下标准:

①建筑工程工程量清单文件及建筑工程工程量清单计价文件的内容完整、正确。

②采用建筑工程造价软件统一的表格形式,规范填写建筑工程工程量清单文件及建筑工程工程量清单计价文件中各种表的内容,并打印整齐。

③按规定的顺序装订成册。

四 考核方式及成绩评定

根据学生对所学的专业理论知识的应用能力;独立思考问题和处理问题的能力;所完成建筑工程工程量清单文件及建筑工程工程量清单计价文件内容的质量,所应用的各类表格填写格式是否规范,建筑工程造价软件应用的熟练程度等专业能力和实训期间的学习表现,将实训成绩评定为优、良、中、及格、不及格五个等级。

五 实训时间安排

实训时间安排见表5-1。

实训时间安排　　表5-1

序号	实训内容		时间
1	建筑工程工程量清单文件	应用图形算量软件和钢筋抽样软件进行工程量计算	3天
2		应用工程造价软件编制分部分项工程量清单	1天
3		应用工程造价软件编制其他项目清单、措施项目清单	0.5天
4		应用工程造价软件编制规费、税金项目清单,编写说明	0.5天
5	建筑工程工程量清单计价文件	应用工程造价软件进行分部分项工程项目综合单价分析	2天
6		应用工程造价软件计算分部分项工程项目费	1天
7		应用工程造价软件计算措施项目费、其他项目费	1天
8		应用工程造价软件计算规费、税金项目费	0.5天
9		应用工程造价软件汇总计算工程造价、编写总说明	0.5天

第二节　建筑工程工程量清单实训指导书

编制依据

(1)施工图设计文件:售楼中心施工图设计文件。

(2)现行的《建设工程工程量清单计价规范》(GB 50500—2013)。

(3)现行的施工规范、工程验收规范等标准。

(4)编制者所在地区现行的建筑工程消耗量定额及地区人工、材料、机械单价。

(5)编制者所在地区现行的建筑工程费用定额。

(6)建筑工程造价应用软件。

(7)编制招标最高限价清单计价文件时,工程所在地一般施工单位该类工程常规的施工方法(由指导老师根据当地建筑工程生产技术水平拟定);或编制投标报价工程量清单计价文件时,该工程的施工方案(由指导老师或指导老师指导学生拟定)。

(8)建筑工程招标条件(由指导老师拟定)。

(9)工程造价管理法规文件。

编制条件

(1)本工程位于某市内,与城市永久性道路相邻,交通条件便利,材料运输、机械进场较方便。

(2)施工现场“四通一平”准备工作已完成,符合开工条件。

(3)现场场地地下水位较低,施工时不考虑地下水的排水、降水等因素。

(4)土方采用全部外运、回填土全部外购,弃土和取土运距均为5km。

(5)预制构件外加工地距施工现场10km;门窗外加工地距施工现场8km。

(6)现浇钢筋混凝土构件的混凝土采用现场拌和方式,混凝土搅拌机为350L双锥反转出料混凝土搅拌机,砂浆采用200L砂浆搅拌机现场拌和。

(7)建设单位提供备料款,所有建筑材料由施工单位按建设单位规定的质量标准采购。

建筑工程造价软件应用的方法

1. 图形算量GCL2008操作流程

第一步:启动软件

通过鼠标左键单击windows菜单“开始”,左键单击“所有程序”,左键单击“广联达建设工程造价管理整体解决方案”,左键单击“广联达图形算量软件GCL2008”。

第二步:新建工程

(1)鼠标左键单击“新建向导”按钮,弹出新建工程向导窗口(图5-1)。

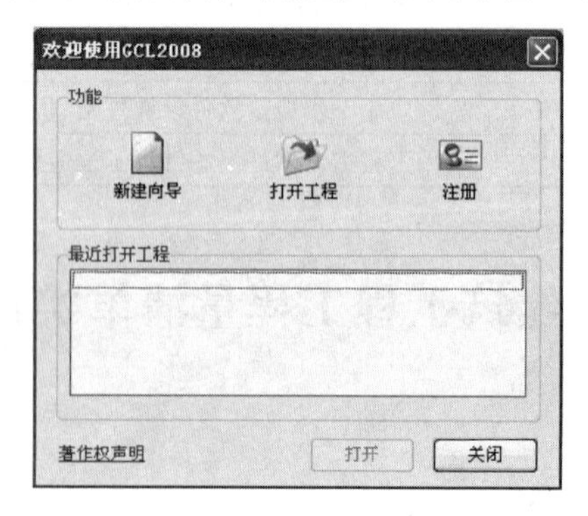

图5-1　新建工程向导

(2)输入工程名称(图5-2),如果同时选择清单规则和定额规则,即为清单标底模式或清单投标模式;若只选择清单规则,则为清单招标模式;若只选择定额规则,即为定额模式。

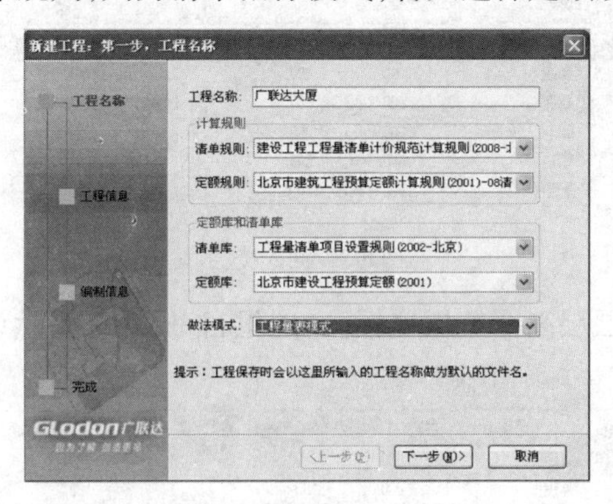

图5-2　新建工程名称

(3)连续点击“下一步”按钮,分别输入工程信息、编制信息,直到出现图5-3所示的“完成”窗口。

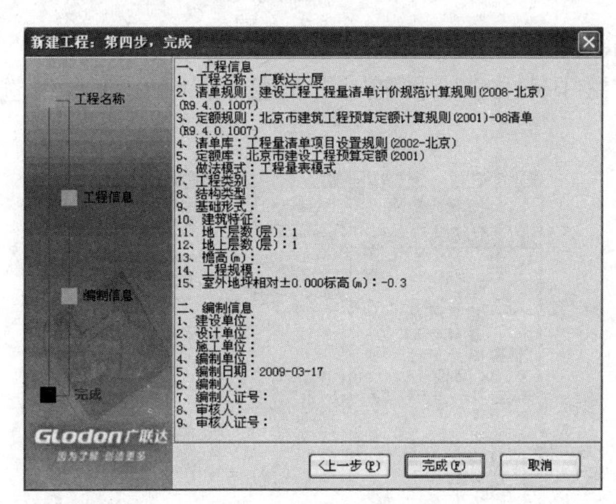

图5-3　新建工程信息确认

(4)点击“完成”按钮便可完成工程的建立,显示图5-4所示的界面。

第三步:工程设置

(1)在左侧导航栏中选择“工程设置”下的“楼层信息”页签(图5-4)。

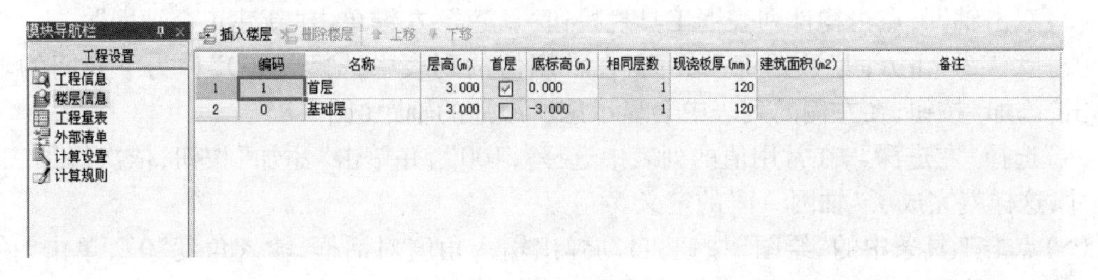

	编码	名称	层高(m)	首层	底标高(m)	相同层数	现浇板厚(mm)	建筑面积(m2)	备注
1	1	首层	3.000	☑	0.000	1	120		
2	0	基础层	3.000	☐	-3.000	1	120		

图5-4　楼层信息

(2)单击“插入楼层”按钮,进行楼层的插入(图5-5)。

模块导航栏：工程设置｜工程信息｜楼层信息｜工程量表｜外部清单｜计算设置｜计算规则

插入楼层｜删除楼层｜上移｜下移

	编码	名称	层高(m)	首层	底标高(m)	相同层数	现浇板厚(mm)	建筑面积(m2)	备注
1	4	第4层	3.000	☐	9.000	1	120		
2	3	第3层	3.000	☐	6.000	1	120		
3	2	第2层	3.000	☐	3.000	1	120		
4	1	首层	3.000	☑	0.000	1	120		
5	0	基础层	3.000	☐	-3.000	1	120		

图5-5　插入楼层

(3)根据图纸输入各层层高及首层底标高,这里,首层底标高默认为0(图5-6)。

模块导航栏：工程设置｜工程信息｜楼层信息｜工程量表｜外部清单｜计算设置｜计算规则

插入楼层｜删除楼层｜上移｜下移

	编码	名称	层高(m)	首层	底标高(m)	相同层数	现浇板厚(mm)	建筑面积(m2)	备注
1	4	第4层	3.000	☐	9.000	1	120		
2	3	第3层	3.000	☐	6.000	1	120		
3	2	第2层	3.000	☐	3.000	1	120		
4	1	首层	3.000	☑	0.000	1	120		
5	0	基础层	3.000	☐	-3.000	1	120		

图5-6　层高输入

第四步:建立轴网

(1)在左侧导航栏中点击“绘图输入”页签,鼠标左键点击选择“轴网”构件类型(图5-7)。

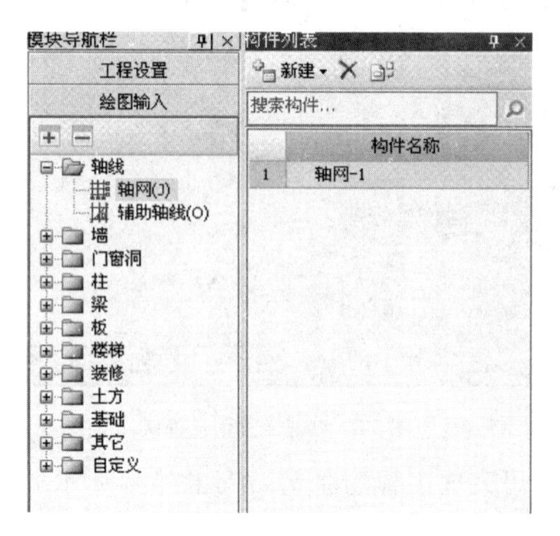

图5-7　设置轴网名称

(2)双击轴网,点击构件列表框工具栏按钮“新建”,左键单击“新建正交轴网”。

(3)默认为“下开间”数据定义界面,在常用值的列表中选择“3000”作为下开间的轴距,并单击“添加”按钮,在左侧的列表中会显示您所添加的轴距(图5-8)。

(4)选择“左进深”,在常用值的列表中选择“2100”,并单击“添加”按钮,依次添加三个进深尺寸,这样就完成了“轴网－1”的定义。

(5)点击工具条中的“绘图”按钮,自动弹出输入角度对话框,输入角度“0”,单击“确定”按钮,就会在绘图区域显示刚刚定义完成的轴网－1(图5-9)。

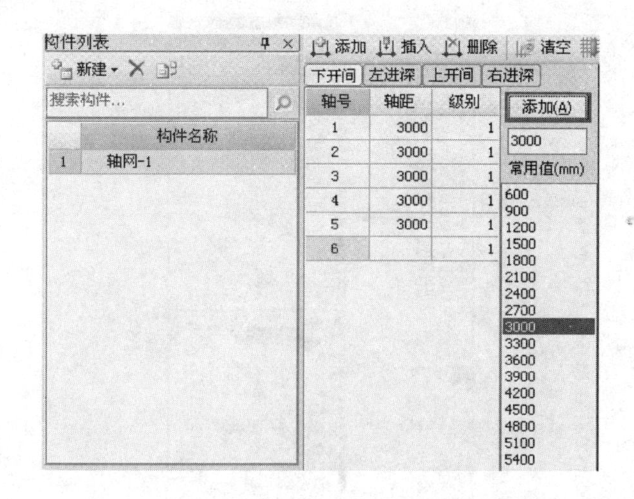

图 5-8　轴网的开间设置

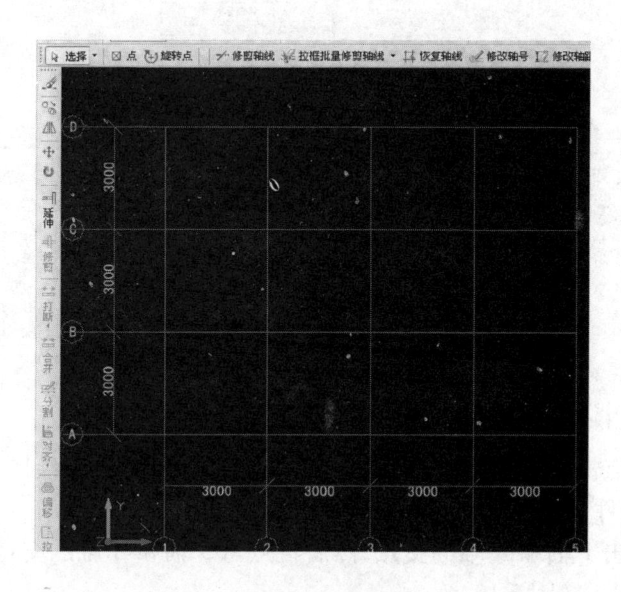

图 5-9　绘制轴网

第五步:建立构件

建立构件与第四步建立轴网相似,这里我们就以构件墙为例:

(1)鼠标单击构件树“墙”前面的“ + ”号展开,选择“墙”构件类型。

(2)点击工具菜单中的“定义”按钮,左键单击构件列表中的“新建”,左键单击“新建墙”按钮新建墙构件(图 5-10)。

(3)在属性编辑框界面显示出刚才所建立的“Q - 1”的属性信息,您可以根据实际情况选择或直接输入墙属性值,比如类别、材质、厚度等。

(4)同时右侧会是套做法的页面,软件默认已经选择了一个默认量表,选择量表计算项“体积”行,通过查询定额库或直接输入定额编号,比如“3 - 4”(图 5-11)。

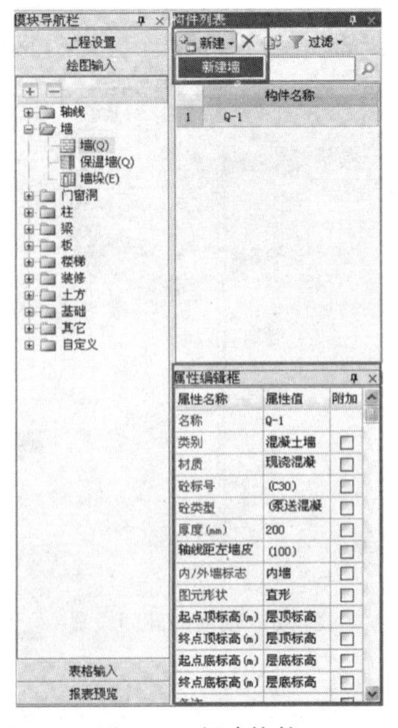

图 5-10　新建构件

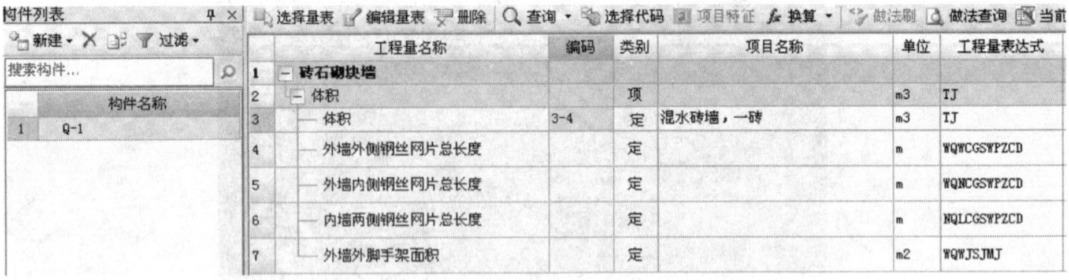

	工程量名称	编码	类别	项目名称	单位	工程量表达式
1	砖石砌块墙					
2	体积		项		m3	TJ
3	体积	3-4	定	混水砖墙，一砖	m3	TJ
4	外墙外侧钢丝网片总长度		定		m	WQWCGSWPZCD
5	外墙内侧钢丝网片总长度		定		m	WQNCGSWPZCD
6	内墙两侧钢丝网片总长度		定		m	NQLCGSWPZCD
7	外墙外脚手架面积		定		m2	WQWJSJMJ

图 5-11　定额编号输入

第六步:绘制构件

(1)套好做法后点击工具栏“绘图”按钮,切换到绘图界面,点击绘图工具栏“直线”按钮,在绘图区域绘制墙构件。

(2)在轴网中点击 1 轴和 A 轴的交点,然后再点击 5 轴和 A 轴的交点,在屏幕的绘图区域内会出现所绘制的“Q-1”(图 5-12)。

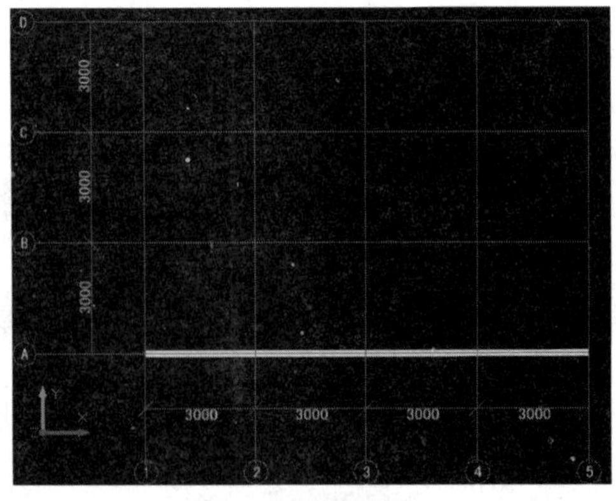

图 5-12　绘制构件

第七步:汇总计算

(1)左键点击菜单栏的“汇总计算”(图5-13)。

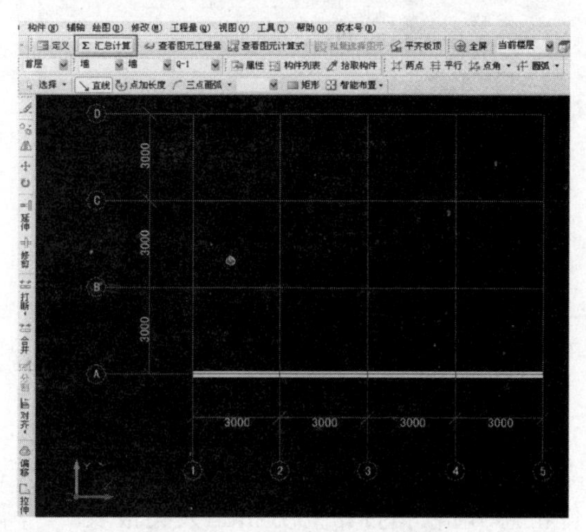

图5-13　选择汇总计算

(2)屏幕弹出“确定执行计算汇总”对话框,点击“确定”按钮(图5-14)。

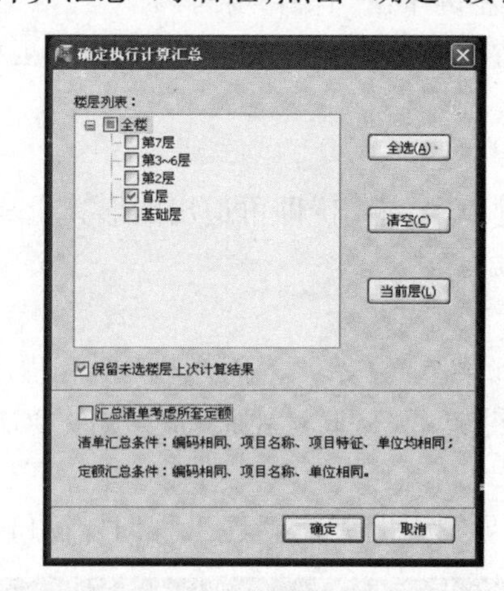

图5-14　汇总计算范围的设置

(3)计算汇总结束点击“确定”即可(图5-15)。

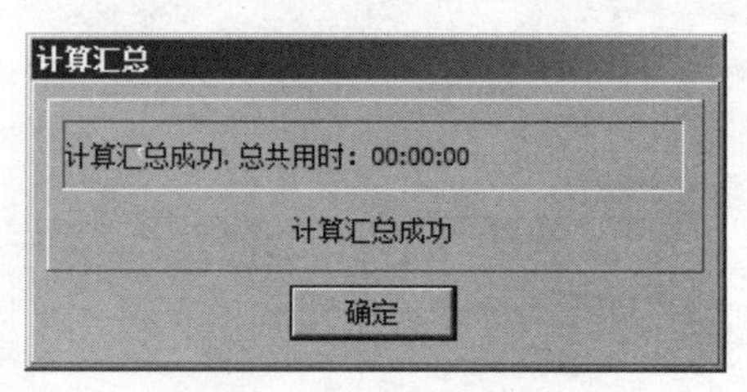

图5-15　汇总计算结果的确认

第八步:报表打印

(1)在左侧导航栏中选择“报表预览”,弹出“设置报表范围”的窗口,选择需要输出的楼层及构件,点击“确定”(图5-16)。

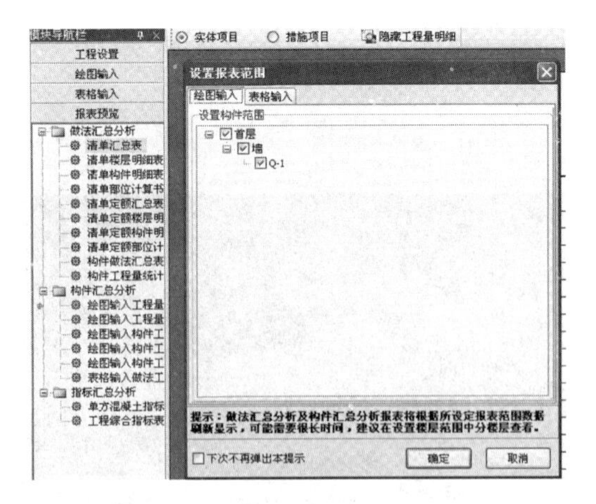

图 5-16　选择报表输出的范围

(2)在导航栏中选择您需要预览的报表,在导航栏的右侧出现报表预览界面,软件为大家提供了做法汇总分析、构件汇总分析、指标汇总分析三大类报表。

第九步:保存工程

(1)点击菜单栏的"文件",左键单击"保存"菜单项。

(2)弹出"工程另存为"的界面,文件名称默认为您在新建工程时所输入的工程名称,点击"保存"按钮即可保存工程。

第十步:退出软件

点击菜单栏的"文件",左键单击"退出"即可退出图形算量软件 GCL2008。

2. 钢筋抽样 GGJ2009 操作流程

第一步:启动软件

通过鼠标左键单击 windows 菜单"开始",左键单击"所有程序",左键单击"广联达建设工程造价管理整体解决方案",左键单击"广联达钢筋抽样软件 GGJ2009";

第二步:新建工程

(1)鼠标左键单击"新建向导"按钮,弹出新建工程向导窗口(图 5-17)。

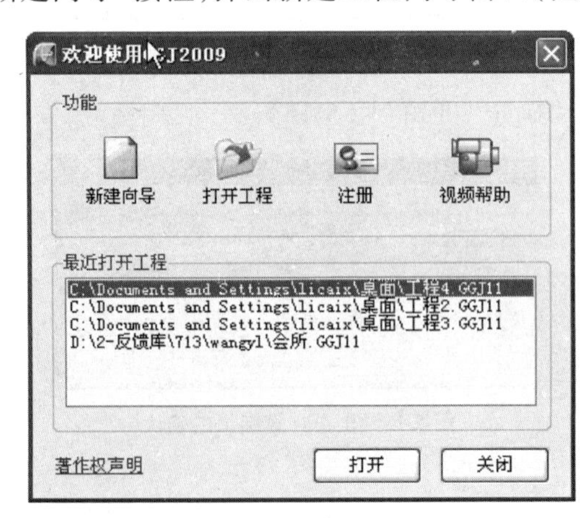

图 5-17　新建工程向导

(2) 输入工程名称，选择损耗模板、报表类别、计算规则、汇总方式，点击“下一步”按钮（图 5-18）。

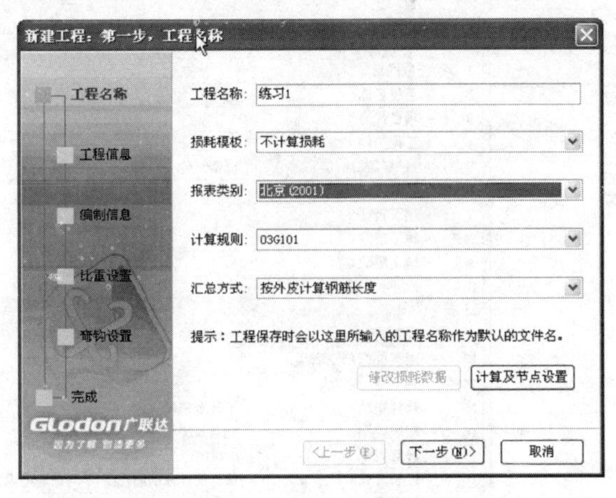

图 5-18　新建工程名称

(3) 连续点击“下一步”按钮，出现图 5-19 所示的“完成”窗口。

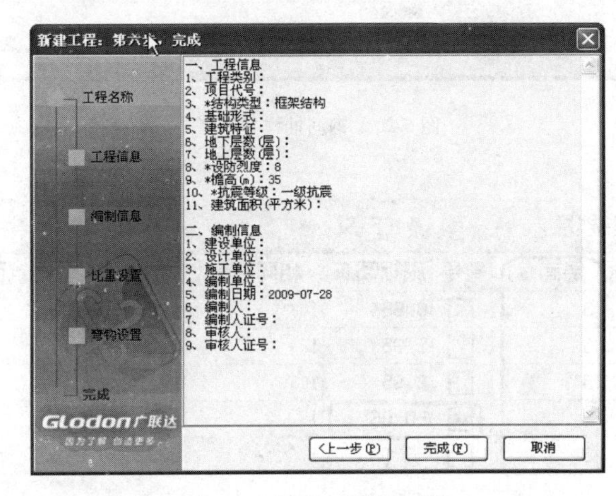

图 5-19　新建工程信息确认

(4) 点击“完成”即可完成工程的新建，弹出图 5-20 所示的窗口。

第三步：楼层设置

(1) 在左侧导航栏中选择“工程设置”下的“楼层设置”。

(2) 输入首层的“底标高”（图 5-21）。

(3) 点击“插入楼层”按钮，进行楼层的添加。

(4) 输入楼层的层高，单位为 m。

第四步：建立轴网

(1) 在左侧导航栏中选择“绘图输入”，软件默认定位在“轴网”定义界面（图 5-22）。

(2) 在轴网定义界面点击“新建”按钮，选择相应的轴网类型，新建一个轴网构件。

(3) 列表上方的页签默认为“下开间”，使用默认值，在右侧界面的常用值的列表中选择“3000”作为轴网的轴距，并点击“添加”按钮，在列表中会显示您所添加的开间轴距（图 5-23）。

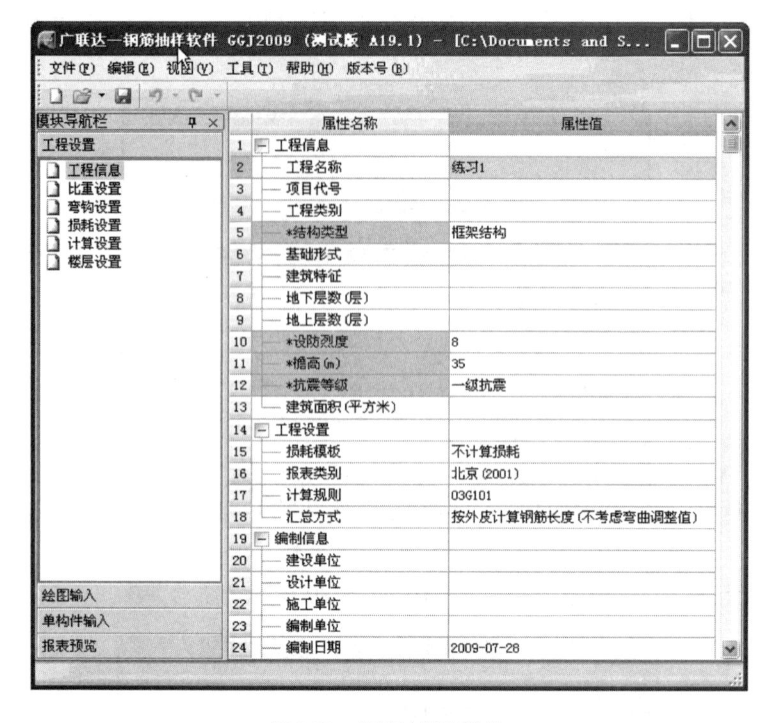

图 5-20 钢筋抽样导航栏

插入楼层 删除楼层 上移 下移

	编码	楼层名称	层高(m)	首层	底标高(m	相同层数	板厚(mm)	建筑面积(m2)	备注
1	4	第4层	3	☐	8.95	1	120		
2	3	第3层	3	☐	5.95	1	120		
3	2	第2层	3	☐	2.95	1	120		
4	1	首层	3	☑	-0.05	1	120		
5	0	基础层	3	☐	-3.05	1	500		

图 5-21 楼层设置

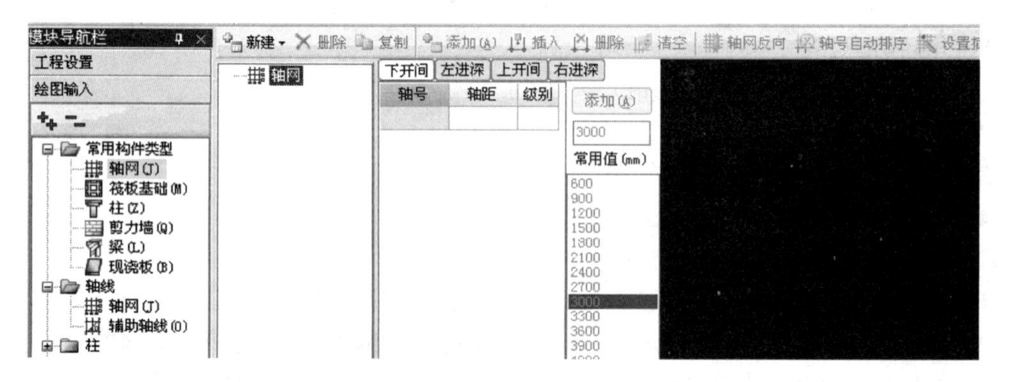

图 5-22 轴网定义

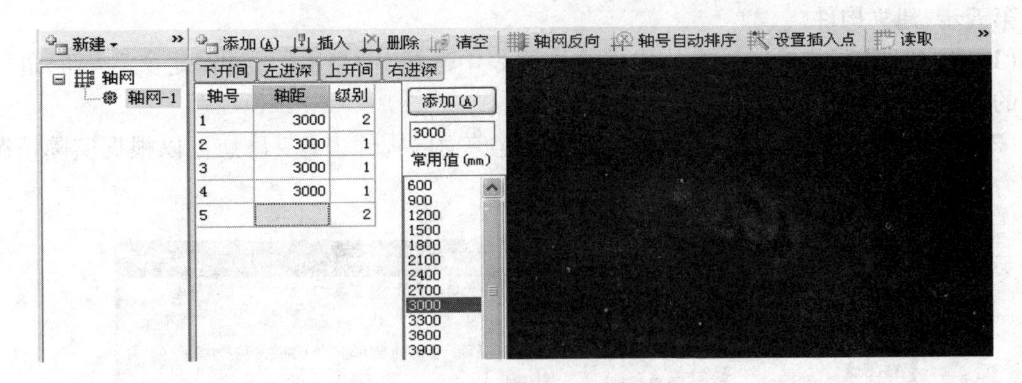

图 5-23　轴网开间的设置

（4）在列表上方的页签中选择“左进深”，在常用值的列表中选择“2100”，并点击“添加”按钮，在列表中会显示您所添加的进深轴距（图 5-24）。

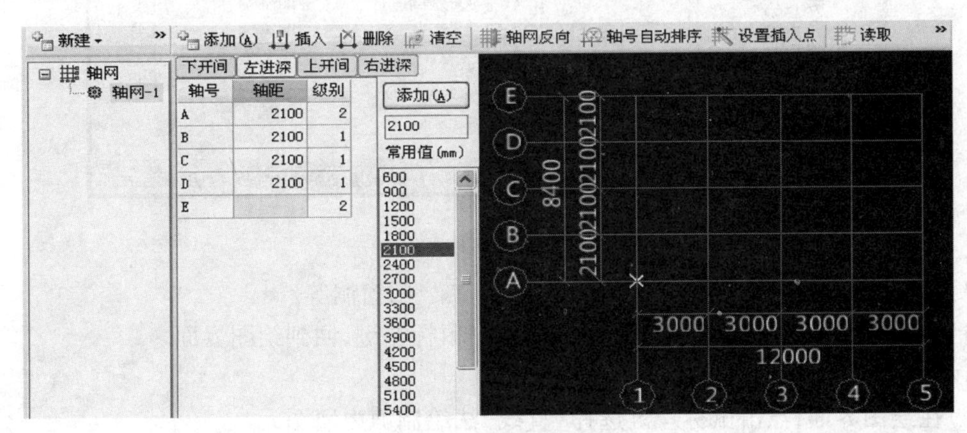

图 5-24　轴网进深的设置

（5）轴网定义完毕，点击“绘图”按钮，切换到“绘图界面”；软件弹出“请输入角度”的界面，输入相应角度，这里使用默认值；点击“确定”按钮，在绘图区域会显示您刚才所建立的轴网（图 5-25）。

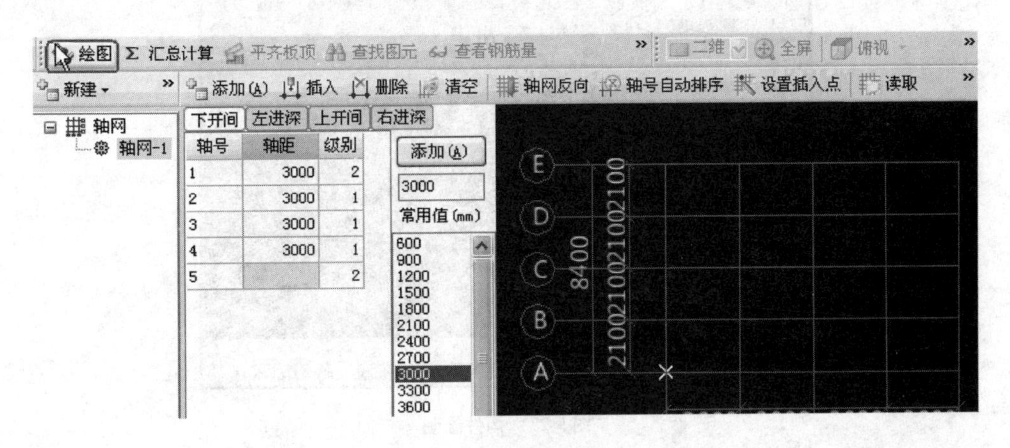

图 5-25　轴网绘制

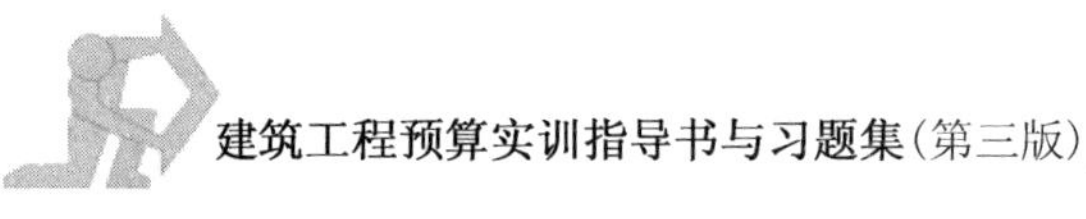

第五步:建立构件

(1)在“绘图输入”导航栏中的构件结构列表中选择“剪力墙”,点击“定义”按钮,进入剪力墙的定义界面。

(2)在剪力墙的定义界面,点击“新建”,建立剪力墙构件 JLQ－1,您可以根据实际情况输入剪力墙的属性值(图 5-26)。

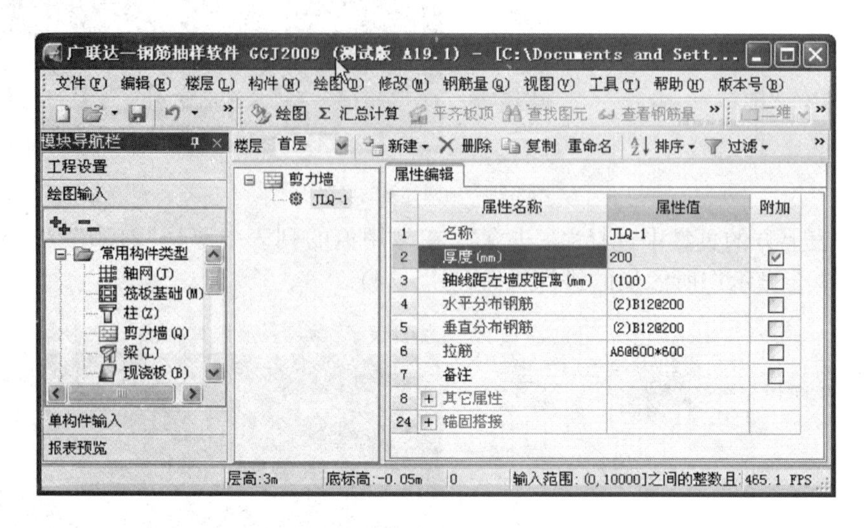

图 5-26　构件定义

(3)用同样的方法,可以建立其他构件,如柱、梁、门窗洞等。

(4)点击“绘图”按钮或在构件列表区域双击鼠标左键,回到绘图界面。

第六步:绘制构件

(1)在绘图界面,点击鼠标左键选择“直线”法绘制剪力墙图元。

(2)在轴网中点击鼠标左键,选择 E 轴和 2 轴的交点,然后再点击 C 轴和 2 轴的交点,点击鼠标右键确定,在屏幕的绘图区域内会出现所绘制的剪力墙(图 5-27)。

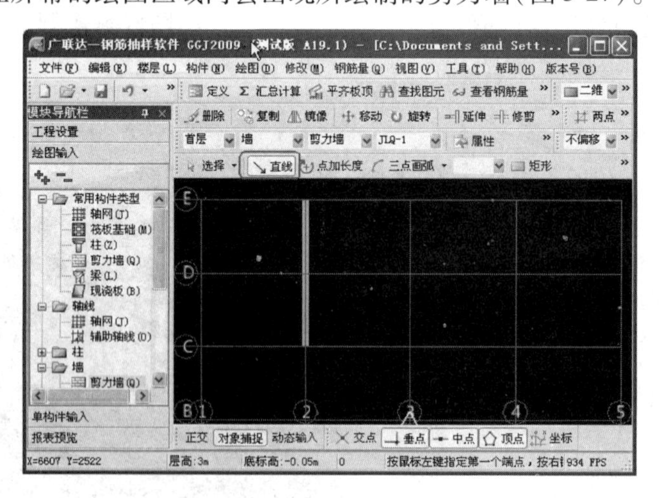

图 5-27　构件绘制

第七步:汇总计算

(1)点击“常用菜单栏”中的“汇总计算”按钮(图 5-28)。

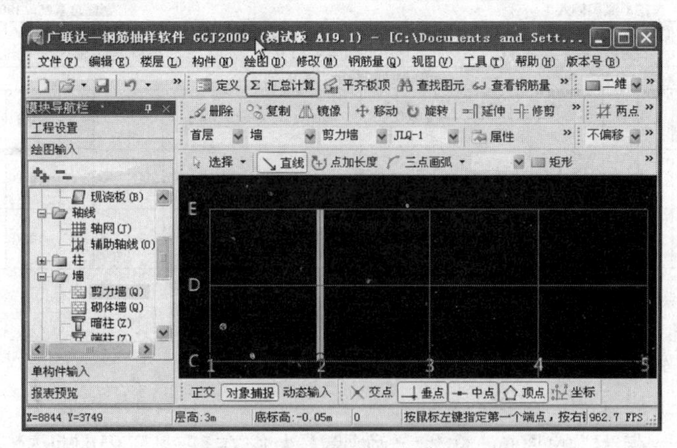

图 5-28 选择汇总计算

(2)屏幕弹出“汇总计算”界面,点击“计算”按钮(图 5-29)。

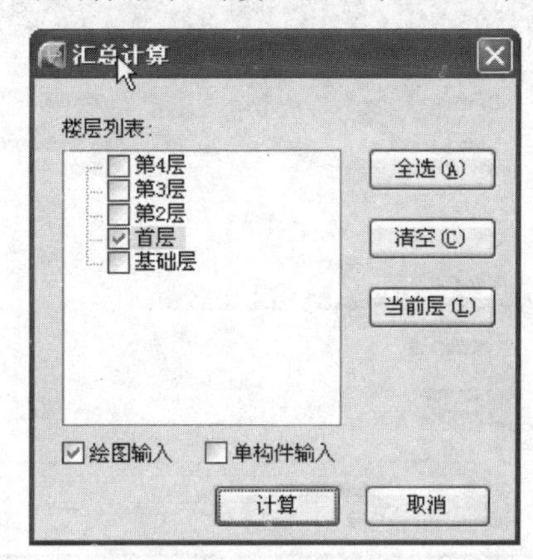

图 5-29 汇总计算范围的设置

(3)屏幕弹出“计算汇总”的界面;点击“确定”按钮(图 5-30)。

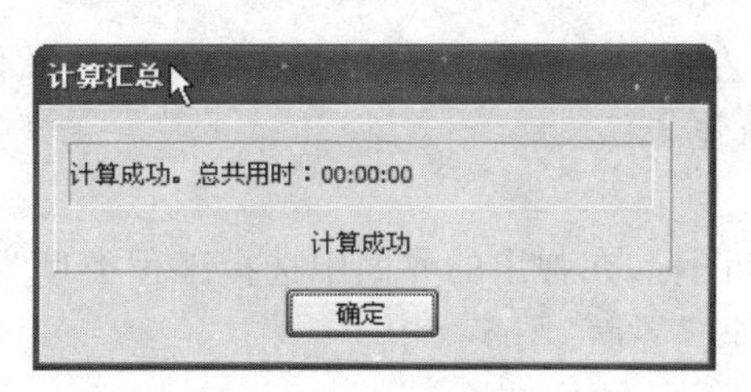

图 5-30 汇总计算结果的确认

第八步:报表打印

(1)在左侧导航栏中选择“报表预览”。

(2)在左侧导航栏中选择相应的报表,在右侧就会出现报表预览界面(图 5-31)。

(3)点击“打印”按钮则可打印该张报表。

钢筋明细表

工程名称：练习1　　　　编制日期：2009-07-28

楼层名称：首层（绘图输入）							钢筋总重255.188kg		
筋号	级别	直径	钢筋图形	计算公式	根数	总根	单长	总长m	总重kg
构件名称：JLQ-1[25]				构件数量：1		本构件钢筋重：255.188kg			
构件位置：<2,E><2,C>									
墙身水平钢筋.1	Φ	12	180 4170 180	4200-15+15*d-15+15*d	32	32	4.53	144.96	128.704
墙身垂直钢筋.1	Φ	12	180 2985	3000-15+15*d	44	44	3.17	139.26	123.64
墙身拉筋.1	Φ	6	170	(200-2*15)+2*(75+1.9*d)+(2*d)	36	36	0.36	12.78	2.844

图 5-31　打印预览

第九步:保存工程

(1)点击菜单栏的“文件”,“保存”。

(2)弹出“工程另存为”的界面,文件名称默认为您在新建工程时所输入的工程名称,点击“保存”按钮即可保存工程(图 5-32)。

图 5-32　文件保存

第十步:退出软件

点击菜单栏的“文件”,左键单击“退出”即可退出钢筋抽样软件。

3.计价软件 GBQ4.0 操作流程

第一步:启动软件

双击桌面上的 GBQ4.0 图标,在弹出的界面中选择工程类型为“清单计价”,再点击“新建项目”,软件会进入“新建标段”界面(图 5-33)。

第二步:新建标段

(1)选择清单计价“招标”或“投标”,选择“地区标准”。

(2)输入项目名称:所输入的项目名称与保存的项目文件名称一致,也与报表所显示的工程名称一致。

(3)输入一些项目信息,如建设单位、招标代理。

(4)点击“确定”完成新建项目,进入项目管理界面(图 5-34)。

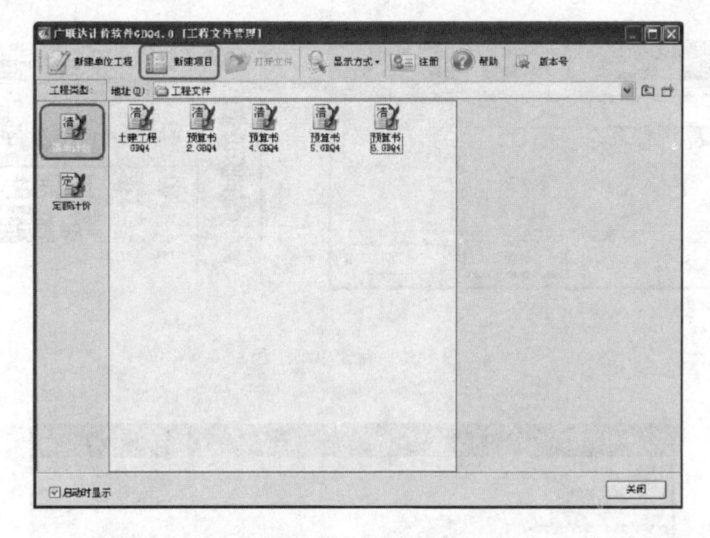

图 5-33 新建项目

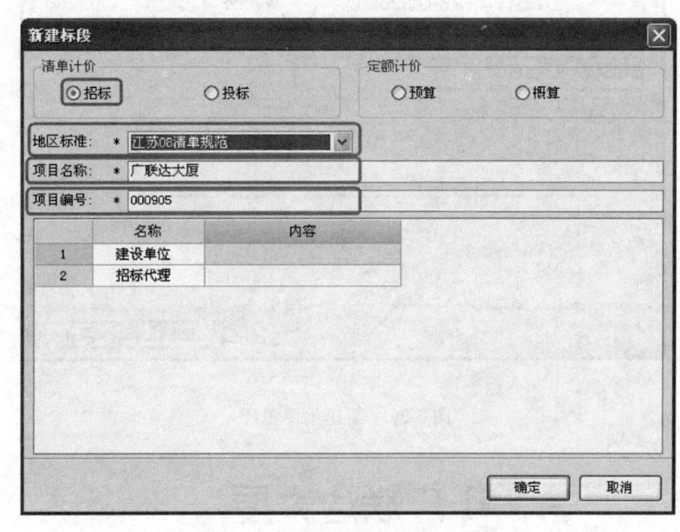

图 5-34 新建标段

第三步:项目管理

(1)在项目管理界面点击“新建”,选择“新建单项工程”,软件进入新建单项工程界面,输入单项工程名称后,点击“确定”,软件回到项目管理界面(图 5-35)。

(2)在项目管理界面点击刚刚建立的新建单项工程名称,再点击“新建”,选择“新建单位工程”,软件进入单位工程新建向导界面。确认计价方式,选择清单库、清单专业、定额库、定额专业,输入工程名称,输入工程相关信息如:工程类别、建筑面积。点击“确定”,新建项目完成(图 5-36)。

(3)根据以上步骤,我们按照工程实际建立一个工程项目,如图 5-37 所示。

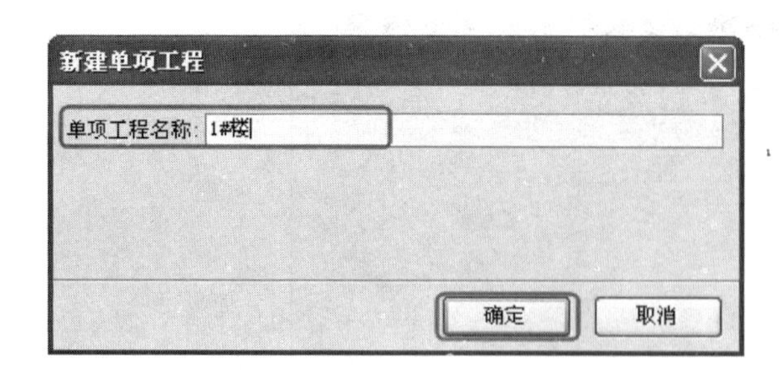

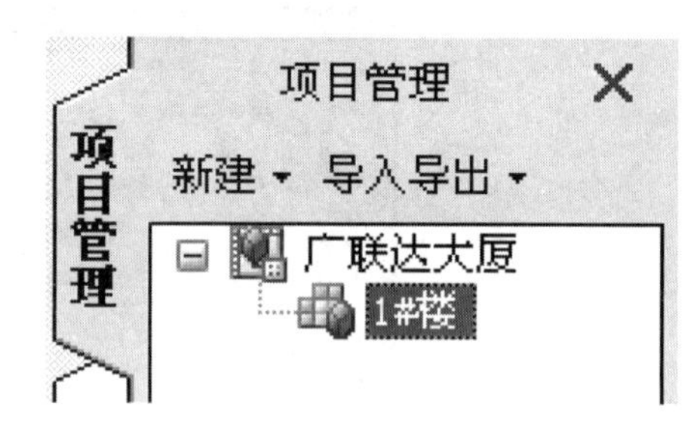

图 5-35　新建单项工程

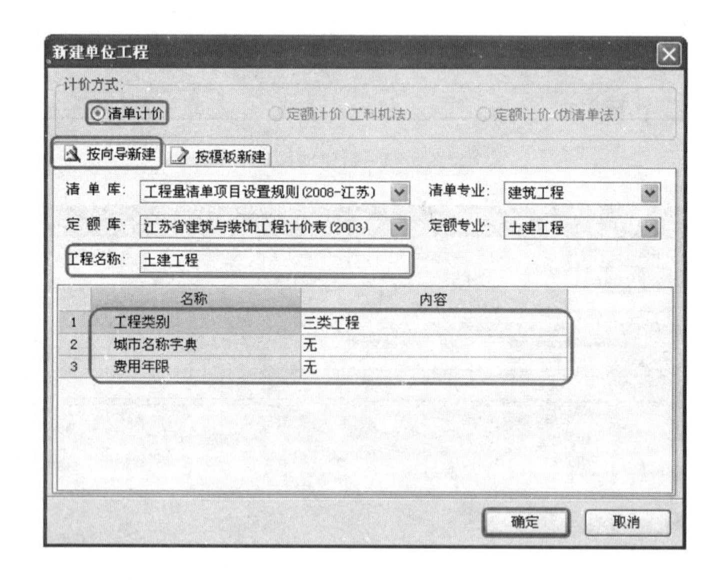

图 5-36　新建单位工程

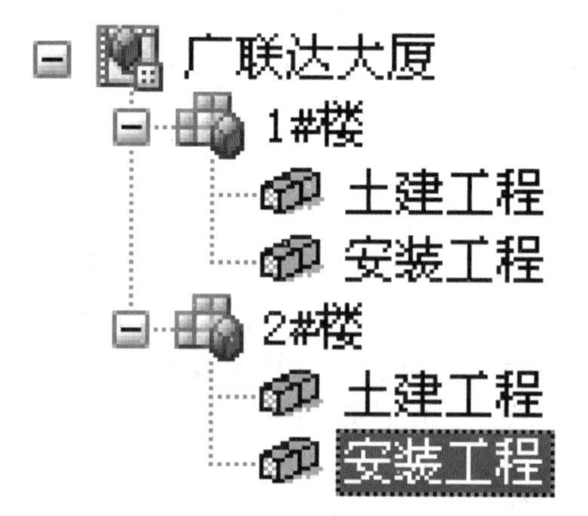

图 5-37　新建项目组成

四 编制清单及投标报价

第一步:进入单位工程

在项目管理窗口选择要编辑的单位工程,使用双击鼠标左键或点击功能区“编辑”按钮,进入单位工程主界面。

第二步:工程概况

点击“工程概况”(图5-38),工程概况包括工程信息、工程特征及指标信息,您可以在右侧界面相应的信息内容中输入信息;根据工程的实际情况在工程信息、工程特征界面输入法定代表人、造价工程师、结构类型等信息,封面等报表会自动关联这些信息。显示工程总造价和单方造价等指标信息,系统根据用户编制预算时输入的资料自动计算,在此页面的信息是不可以手工修改的。

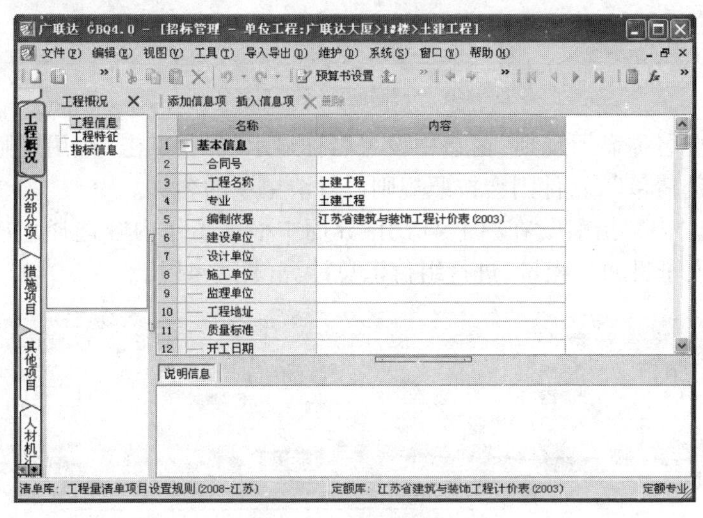

图5-38　工程概况信息

第三步:编制清单及投标报价

(1)输入清单:点击“分部分项”,再点击“查询窗口”,在弹出的查询界面,选择清单,选择您所需要的清单项,如平整场地,然后双击或点击“插入”输入到数据编辑区,然后在工程量列输入清单项的工程量(图5-39)。

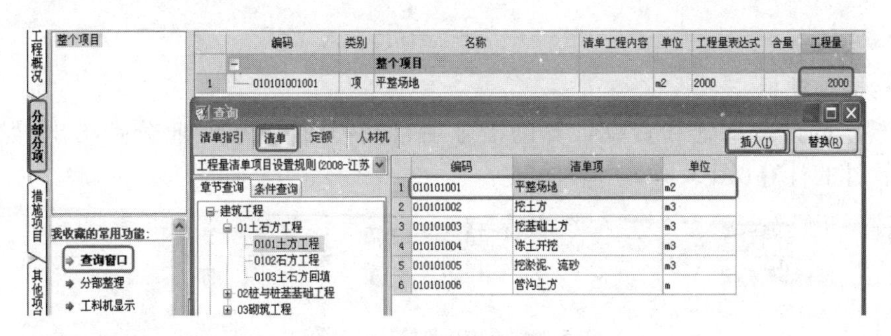

图5-39　分部分项工程量清单输入

(2)设置项目特征及其显示规则:

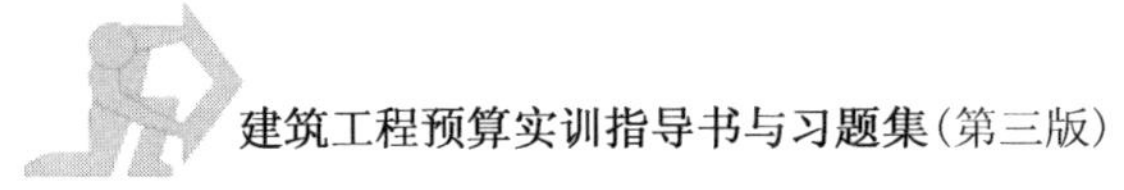

①点击属性窗口中的“特征及内容”(图 5-40),在“特征及内容”窗口中设置要输出的工作内容,并在“特征值”栏中,通过下拉选项选择项目特征值或手工输入项目特征值。

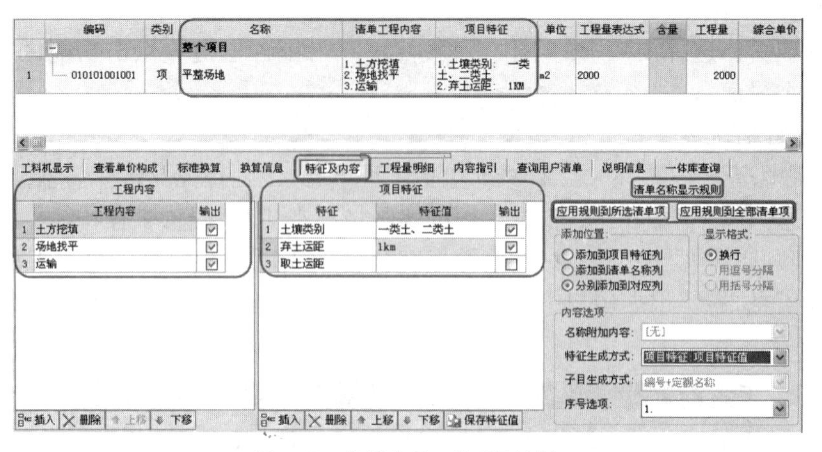

图 5-40 分部分项工程项目特征

②然后在“清单名称显示规则”窗口中设置名称显示规则,点击“应用规则到所选清单项”或“应用规则到全部清单”,软件则会按照规则设置清单项的名称。

(3)组价:点击“内容指引”,在“内容指引”界面中根据工作内容选择相应的定额子目,然后双击输入,并输入子目的工程量,进行组价汇总计算(图 5-41)。

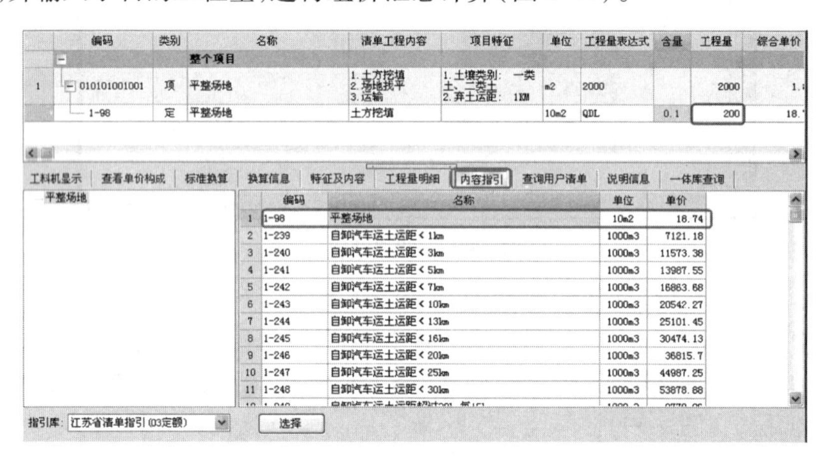

图 5-41 定额项目信息输入

第四步:措施项目

(1)按规定的计费基础和费率计算的措施项目费:软件已按专业分别给出,如无特殊规定,可以按软件的计算(图 5-42)。

序号		名称	单位	计算方式	计算基础	费率	工程量	单价	合价
1.1		环境保护费	项	计算公式组	RGF+JXF	0.35	1	9.58	9.58
1.2		临时设施费	项	计算公式组	RGF+JXF	1.95	1	53.35	53.35

图 5-42 措施项目费(一)计算

(2)定额组价项:选择“脚手架”项,在界面工具条中点击“查询”,在弹出的界面里找到相应措施定额脚手架子目,然后双击或点击“插入”,并输入工程量(图5-43)。

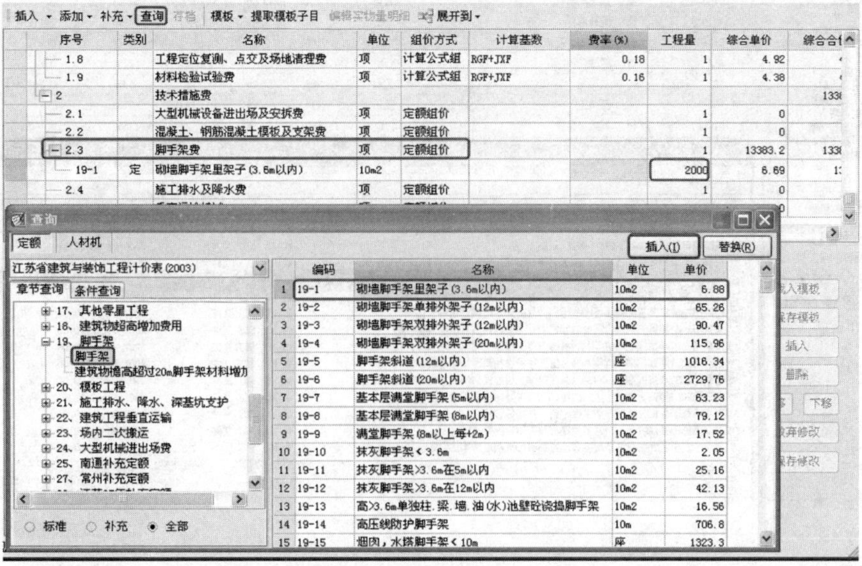

图5-43　措施项目费(二)计算

第五步:其他项目

(1)招标人:在计算基数列分别输入“暂列金额”和“暂估价”。

(2)投标人:根据工程实际,输入“总承包服务费”和“计日工”。

第六步:人材机汇总

(1)直接修改市场价:点击“人材机汇总”,选择需要修改市场价的人材机项,鼠标点击其市场价,输入实际市场价,软件将以不同底色标注出修改过市场价的项(图5-44)。

图5-44　市场价修改方法一

(2)载入市场价:点击“人材机汇总”,点击“载入市场价”,在“载入市场价”窗口选择所需市场价文件,点击“确定”,软件将根据选择的市场价文件修改人材机汇总的人材机市场价(图5-45)。

第七步:费用汇总

点击“费用汇总”进入工程取费窗口(图5-46)。GBQ4.0内置了本地的计价办法,可以直接使用,如果有特殊需要,也可自由修改。

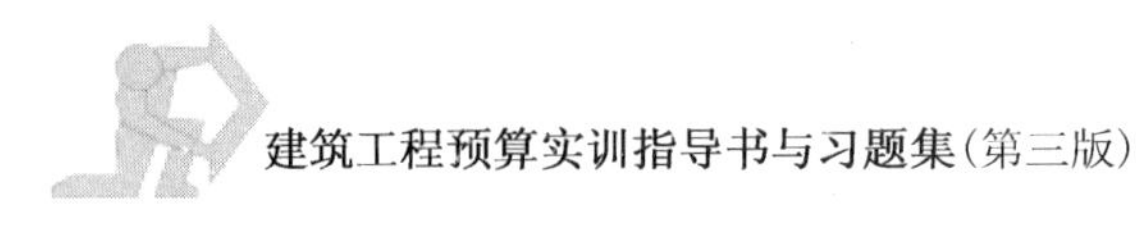

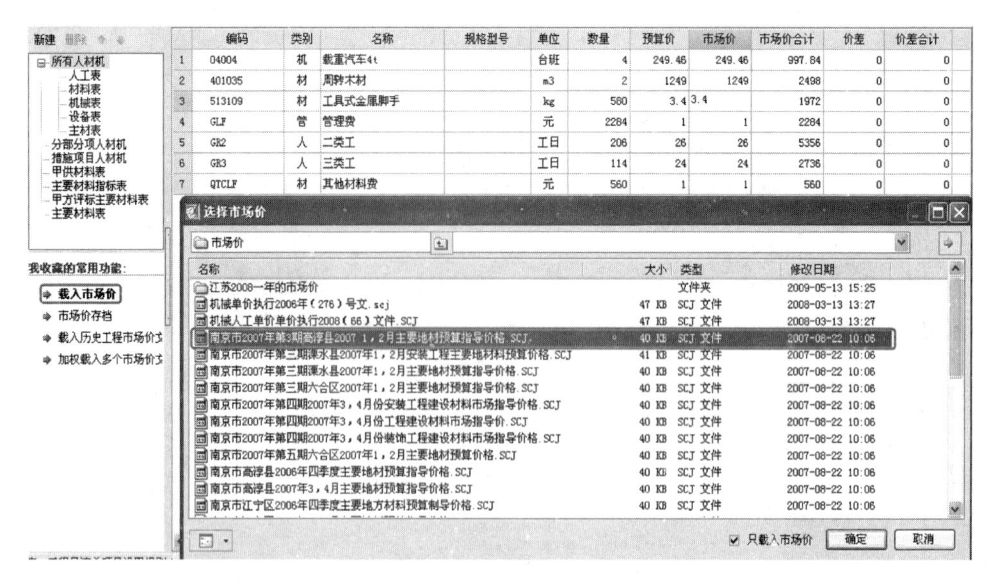

图 5-45 市场价修改方法二

	序号	费用代号	名称	计算基数	基数说明	费率(%)	金额	费用类别	备注
1	1	A	分部分项工程量清单计价合计	FBFXHJ	分部分项合计		6,460.00	分部分项工程量清单合计	
2	2	B	措施项目清单计价合计	B1+B2	技术措施费+组织措施费		19,100.11	措施项目清单合计	
3	2.1	B1	技术措施费	JSCSF	技术措施项目合计		18,859.40		
4	2.2	B2	组织措施费	ZZCSF	组织措施项目合计		240.71		
5	3	C	其他项目清单计价合计	QTXMHJ	其他项目合计		142,000.00	其他项目清单合计	
6	4	D	规费	ZJF+JSCS_ZJF	分部分项直接费+技术措施项目直接费		20,948.00	规费	
7	5	E	安全文明施工专项费					安全文明施工专项费	
8	6	F	工程定额测定费	A+B+C+D+E	分部分项工程量清单计价合计+措施项目清单计价合计+其他项目清单计价合计+规费+安全文明施工专项费	0	0.00	工程定额测定费	
9	7	G	税金	A+B+C+D+E+F	分部分项工程量清单计价合计+措施项目清单计价合计+其他项目清单计价合计+规费+安全文明施工专项费+工程定额测定费	3.41	6,428.13	税金	
10	8		含税工程造价	A+B+C+D+E+F+G	分部分项工程量清单计价合计+措施项目清单计价合计+其他项目清单计价合计+规费+安全文明施工专项费+工程定额测定费+税金		194,936.24	工程造价	

查询费用代码 查询费率信息

费用代码：分部分项、措施项目、其他项目、人材机、分包费、变量表

	费用代码	费用名称	费用金额
1	FBFXHJ	分部分项合计	6460
2	ZJF	分部分项直接费	4888
3	RGF	分部分项人工费	3876
4	CLF	分部分项材料费	0
5	JXF	分部分项机械费	0
6	SBF	分部分项设备费	0
7	ZCF	分部分项主材费	0

图 5-46 费用汇总

第八步:报表

点击“报表”,选择需要浏览或打印的报表(图 5-47)。

第九步:保存、退出

(1)保存:点击菜单的“文件”,点击“保存”或系统工具条中的 ,保存编制的计价文件。

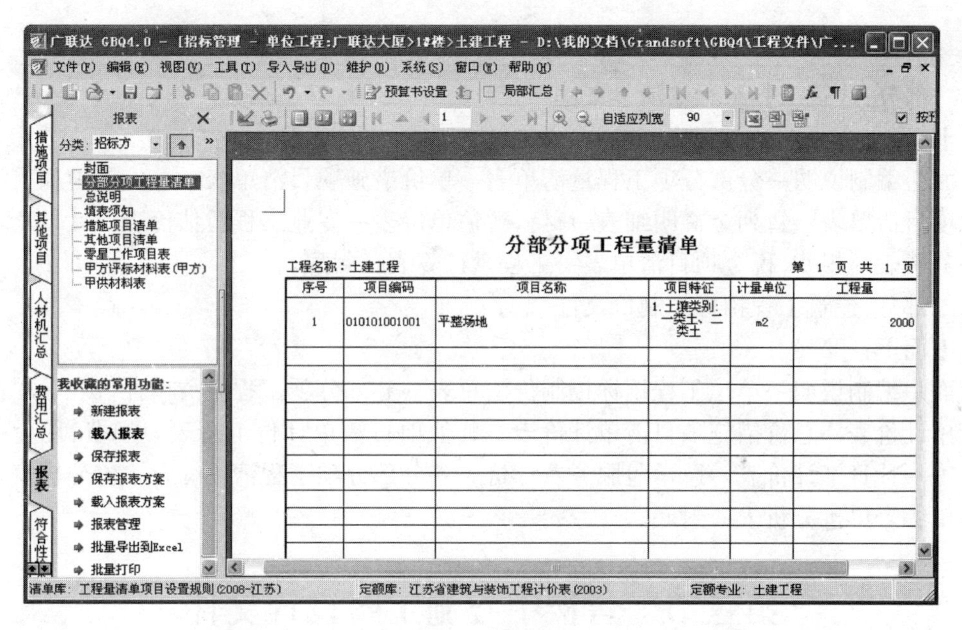

图 5-47　报表预览

(2)退出:点击菜单的“文件”,点击“退出”或点击软件右上角☒,退出 GBQ4.0 软件。

计价软件 GBQ4.0 应用整体流程如图 5-48 所示。

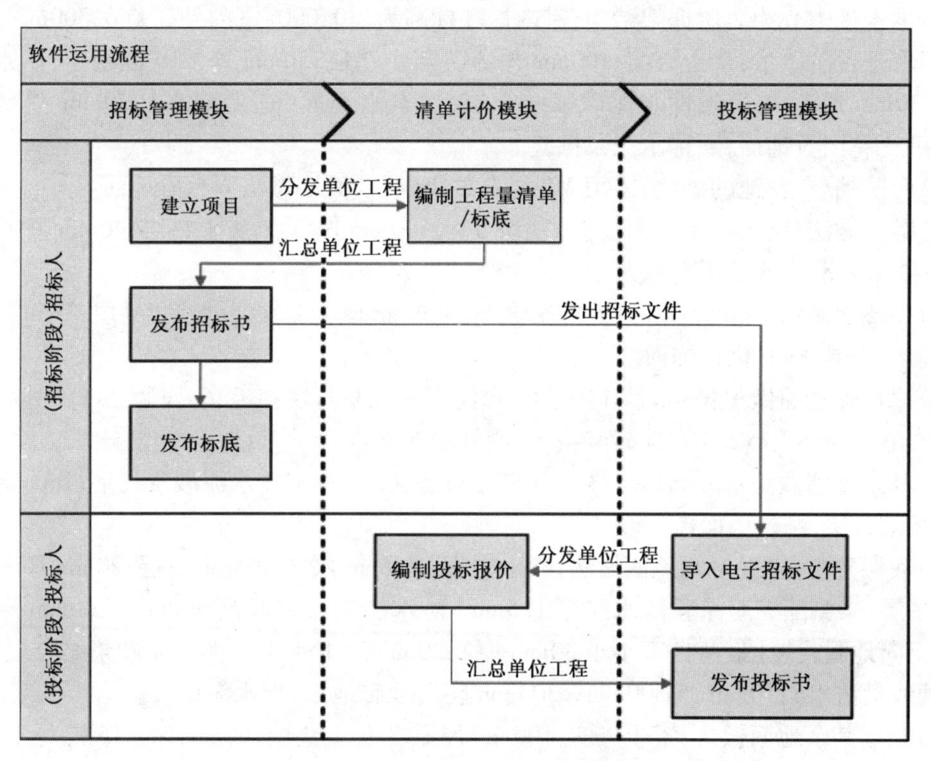

图 5-48　计价软件 GBQ4.0 应用整体流程

五 装订顺序

第一部分:建筑工程工程量清单文件

自上而下:

封面→编制说明→分部分项工程量清单表→单价措施项目清单表→总价措施项目清单表→其他项目清单表→暂列金额明细表→材料暂估单价表→专业工程暂估价表→计日工表→总承包服务费表→规费、税金项目清单表→工程量计算表→封底。

第二部分:建筑工程招标控制价文件

自上而下:

封面→编制说明→单位工程招标控制价汇总表→分部分项工程量清单计价表→单价措施项目清单计价表→总价措施项目清单计价表→其他项目清单计价汇总表→规费、税金项目清单计价表→计日工计价表→总承包服务费计价表→分部分项工程清单综合单价分析表→措施项目清单综合单价分析表→封底。

第三节 售楼中心施工图设计文件

一 建筑说明

(1)本售楼中心为2层框架结构,室内地坪标高为±0.000,室内外高差0.300m。

(2)室外台阶做法:素土夯实;100mm厚3:7灰土垫层;50mm厚C10混凝土;刷素水泥砂浆一道;30mm厚1:4干硬性水泥砂浆结合层;撒素水泥面(适量清水);20mm厚600mm×600mm磨光花岗石铺面,灌稀水泥浆擦缝。

(3)台阶挡墙、花池的做法:采用M5混合砂浆砌筑,面层做法同台阶地面。

(4)散水做法:素土夯实,并且向外找坡5%;100mm厚3:7灰土垫层;40mm厚C15细石混凝土;撒1:1水泥砂子压实赶光。

(5)外墙面做法:10mm厚1:3水泥砂浆打底;6mm厚1:2水泥砂浆找平层;4mm厚聚合物水泥砂浆结合层;贴文化石饰面。

(6)檐口外立面做法:6mm厚1:0.5:4水泥石灰砂浆打底扫毛;6mm厚1:1:6水泥石灰砂浆刮平扫毛;6mm厚1:2.5水泥砂浆找平;刷外墙涂料。

(7)其余外墙做法:10mm厚1:3水泥砂浆打底;6mm厚1:2水泥砂浆找平;4mm厚聚合物水泥砂浆结合层;贴外墙面砖。

(8)底层盥洗室、卫生间地面做法:素土夯实;100mm厚3:7灰土垫层;20mm厚1:3水泥砂浆找平层;聚氨酯三遍涂膜防水层厚1.5mm(防水层周边卷起高300mm);60mm厚C15细石混凝土向地漏找坡(最薄处不小于30mm厚);20mm厚1:4干硬性水泥砂浆结合层;撒素水泥面(洒适量清水);10mm厚300mm×300mm防滑地砖地面,干水泥擦缝。

(9)底层其余地面做法:素土夯实;100mm厚3:7灰土垫层;60mm厚C15混凝土;刷素水泥浆一道;30mm厚1:4干硬性水泥砂浆结合层;撒素水泥面(洒适量清水);20mm厚磨光花岗石铺面,灌稀水泥浆擦缝。

(10)盥洗室、卫生间楼地面做法:现浇钢筋混凝土楼板;刷素水泥浆一道;30mm 厚 1:4 干硬性水泥浆结合层;撒素水泥面(洒适量清水);10mm 厚 300mm×300mm 防滑地砖地面,干水泥擦缝。

(11)楼层其余地面做法:现浇钢筋混凝土楼板;60mm 厚 1:6 水泥焦渣垫层;30mm 厚 1:4 干硬性水泥砂浆结合层;撒素水泥面(洒适量清水);20mm 厚 600mm×600mm 磨光花岗石铺面,灌稀水泥浆擦缝。

(12)花岗岩踢脚线做法:20mm 厚 1:2 水泥砂浆灌贴;贴 12mm 厚高 120mm 花岗石板,稀水泥浆擦缝。

(13)盥洗室、卫生间踢脚线做法:12mm 厚 1:3 水泥砂浆打底扫毛;8mm 厚 1:0.1:2.5 水泥石灰膏砂浆结合层;贴 5mm 厚釉彩面砖,白水泥擦缝。

(14)盥洗室、卫生间墙面做法:12mm 厚 1:3 水泥砂浆打底;6mm 厚 1:2 水泥砂浆找平;4mm 厚聚合物水泥砂浆贴白色 300mm×300mm 瓷砖。

(15)其余内墙面做法:5mm 厚 1:3:9 水泥石灰膏砂浆打底划出纹理;9mm 厚 1:3 石灰膏砂浆;2mm 厚麻刀灰抹面;刷白色乳胶漆两遍。

(16)天棚做法:刷素水泥浆结合层一道(内掺建筑胶);5mm 厚 1:0.3:3 水泥石灰膏砂浆打底扫毛;5mm 厚 1:0.3:2.5 水泥石灰膏砂浆抹面;白色立邦乳胶漆。

(17)木门、木扶手油漆:满刮腻子;底油一遍;调和漆两遍。

(18)楼梯栏杆油漆:防锈漆一遍;调和漆一遍。

(19)上人屋面做法:60mm 厚聚苯乙烯泡沫塑料保温层;1:6 水泥焦渣找坡 2%,最薄处 30mm;20mm 厚 1:3 水泥砂浆找平层;SBS 改性沥青卷材防水层;做砾石保护层。

(20)上人孔盖板为 80mm×1000mm×5mm 镀锌钢板,通过预埋铁件和五金件与上人孔连接。

(21)女儿墙做法:檐沟宽 400mm,并且向雨水口方向进行材料找坡,找坡坡度 1%;女儿墙根部采用 SBS 改性沥青卷材防水层上卷高度为 300mm。

(22)坡屋面做法:20mm 水泥砂浆找平层;刷冷底子油一遍;一毡二油隔气层;80mm 厚沥青珍珠岩保温层;20mm 厚 1:3 水泥砂浆找平层;贴欧文斯瓦。

(23)本工程门窗见表 5-2。

门 窗 明 细 表 表 5-2

类别	门窗代号	门窗名称	洞口尺寸(mm×mm)	数量
门	LM1	铝合金门	3600×3600	2
	MM1	无亮子夹板木门	1000×2100	6
	MM2	无亮子夹板木门	1200×2100	4
	MM3	无亮子夹板木门	1500×2100	1
	MM4	无亮子夹板木门	900×2100	7
窗	LC1	铝合金组合窗	4800×3600	2
	LC2	铝合金组合窗	4500×3600	2
	LC3	铝合金组合窗	3600×3600	4
	LC3A	铝合金组合窗	3000×3600	1

续上表

类别	门窗代号	门窗名称	洞口尺寸(mm×mm)	数量
窗	LC4	铝合金组合窗	2700×3600	3
	LC5	铝合金组合窗	2800×3600	3
	LC6	铝合金组合窗	2400×1800	12
	LC7	铝合金组合窗	1500×1800	1
	LC8	铝合金固定窗	600×1800	1
	LC9	铝合金组合窗	600×1800	29

二 结构设计说明

(1)本工程的 ±0.000 相当于绝对标高见建筑施工图。

(2)先进行普探再进行基槽开挖。

(3)基坑开挖后应立即进行地基处理及基础施工,并及时回填。

(4)基槽开挖至基坑底标高时,不得扰动原状土。

(5)基础施工完毕后应及时回填,用2:8 灰土从四周均匀分层回填夯实,压实系数不得小于0.95。

(6)施工时应严格按现行设计及施工规范、规程执行。

三 售楼中心施工图

售楼中心施工图如图 5-49 ~ 图 5-68 所示。

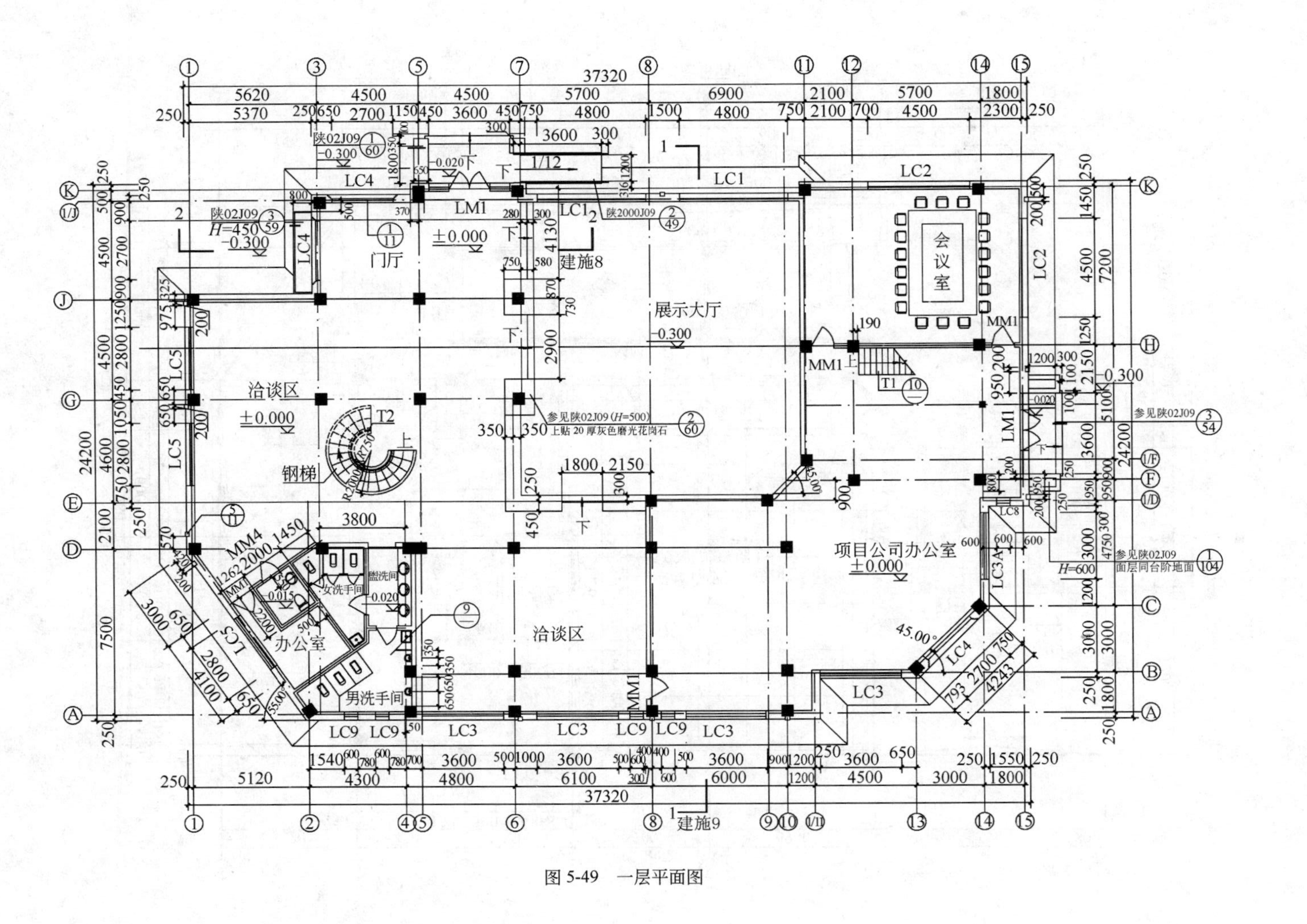

图 5-49　一层平面图

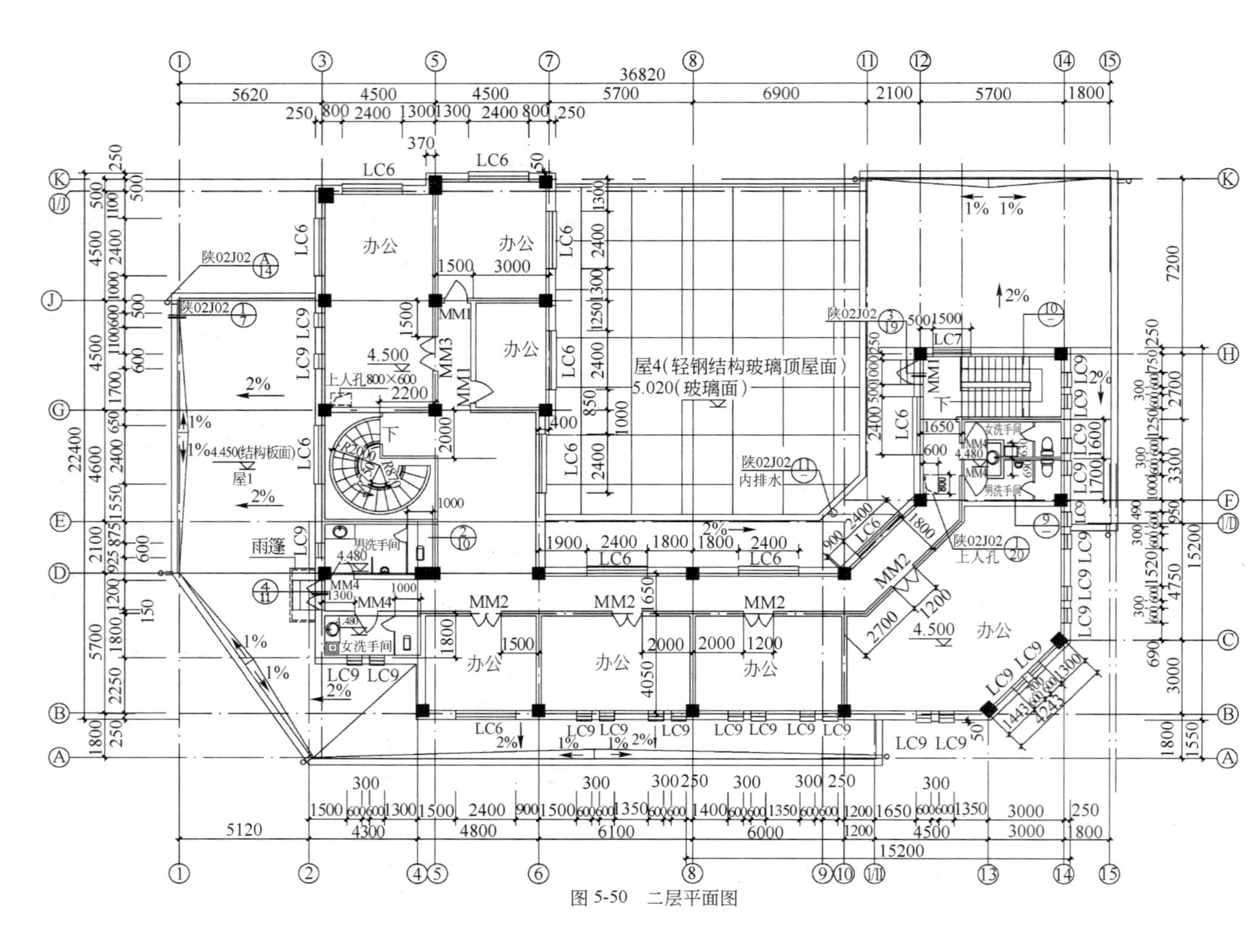
屋4(轻钢结构玻璃顶屋面)
5.020(玻璃面)
办公
陕02J02
内排水
上人孔
上人孔800×600
男洗手间
女洗手间
雨篷
屋1
4.450(结构板面)
MM1
MM2
MM3
MM4
LC6
LC7
LC9
36820
22400
15200
4.500
4.480

图 5-50　二层平面图

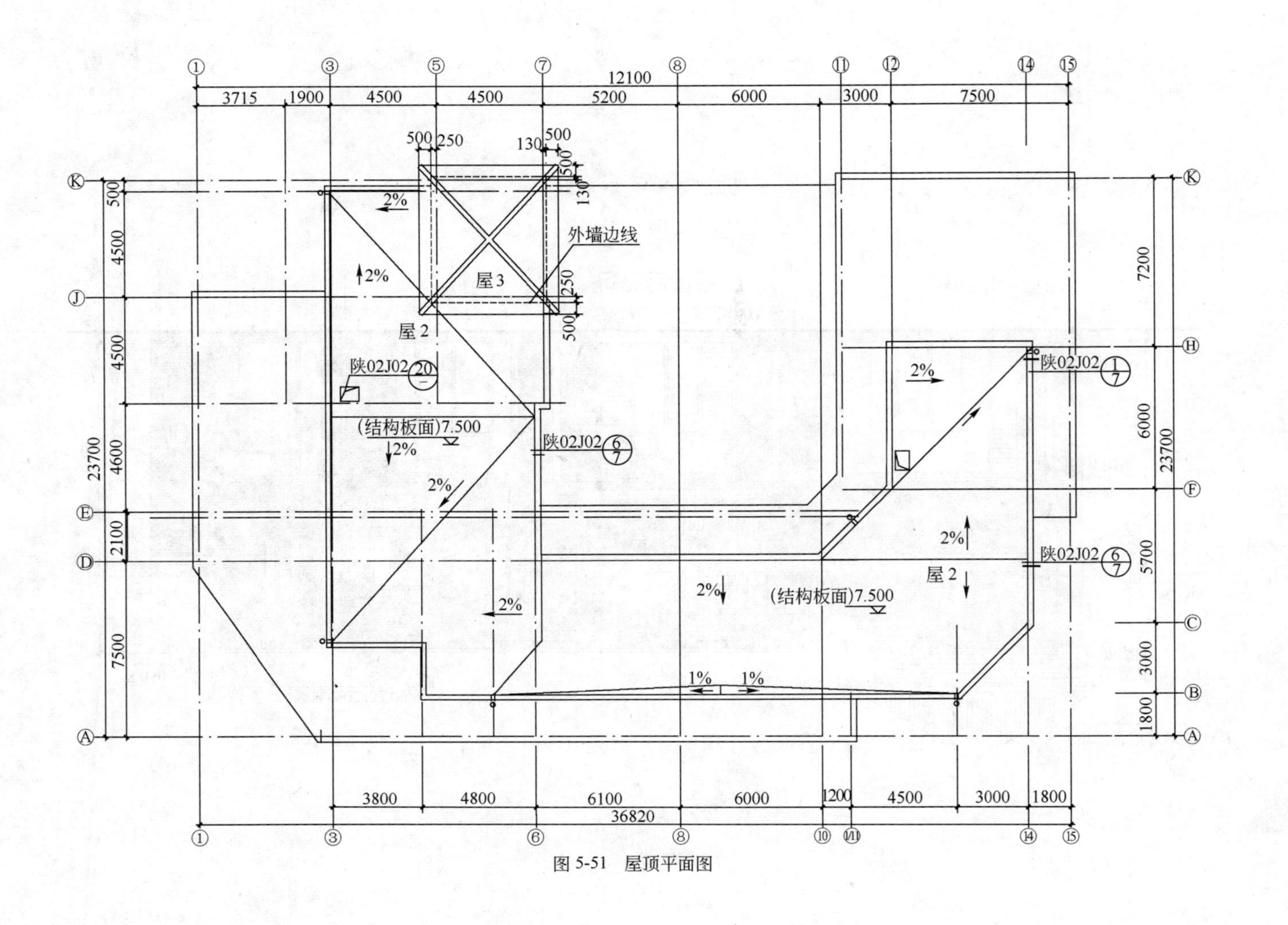

12100
3715
1900
4500
4500
5200
6000
3000
7500
500
250
130
外墙边线
屋 3
屋 2
2%
1%
陕02J02
(结构板面)7.500
23700
4600
2100
7200
6000
5700
3000
1800
3800
4800
6100
1200
36820

图 5-51 屋顶平面图

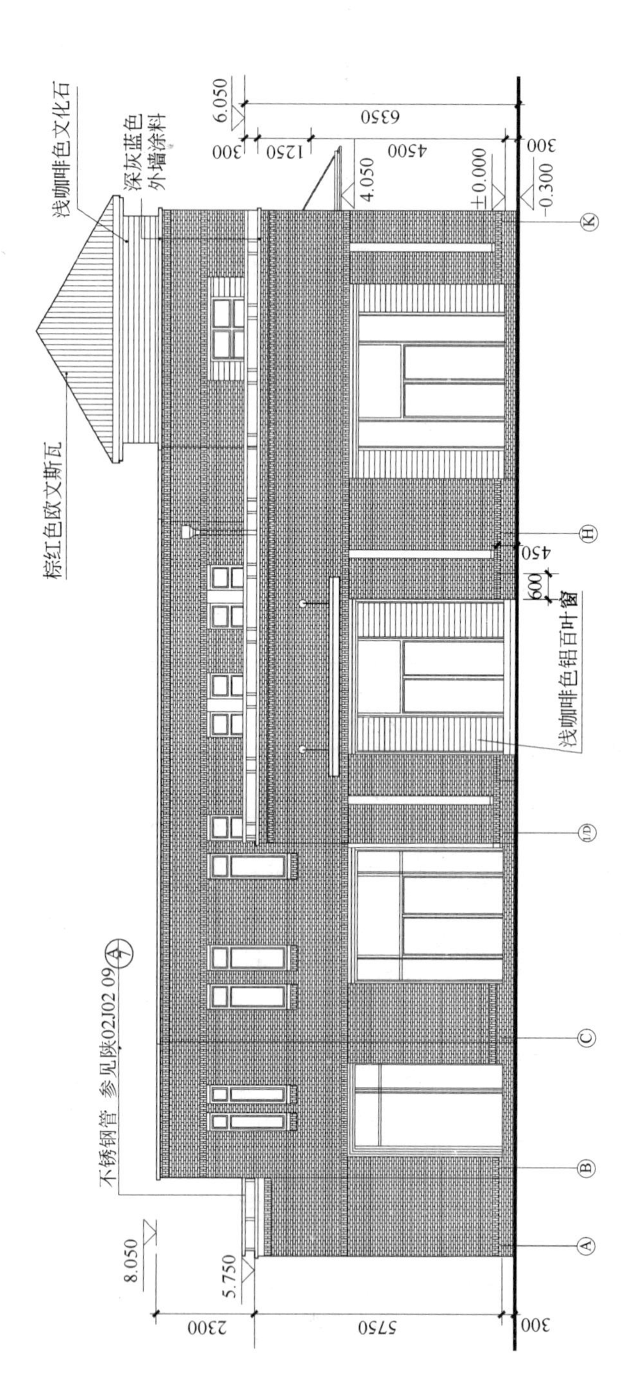
浅咖啡色文化石
深灰蓝色
外墙涂料
棕红色欧文斯瓦
浅咖啡色铝百叶窗
不锈钢管 参见陕02J02 09
6.050
4.050
±0.000
-0.300
8.050
5.750
6350
300
1250
4500
300
450
600
2300
5750
300
K
H
1/D
C
B
A

图 5-52 A-K立面图

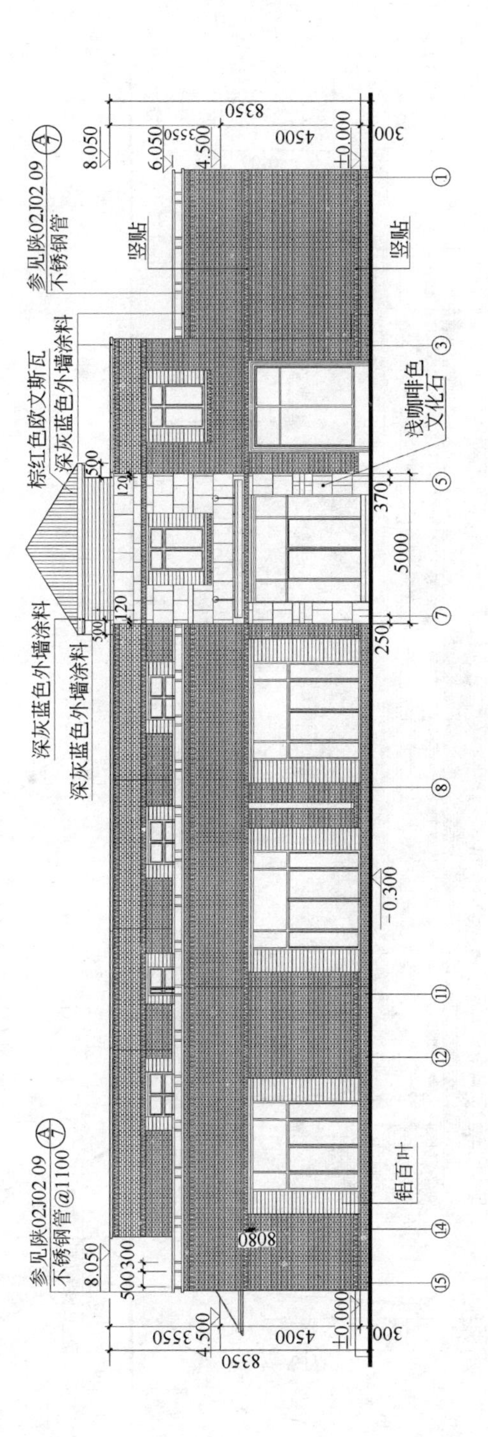

参见陕02J02 09
不锈钢管
竖贴
棕红色欧文斯瓦
深灰蓝色外墙涂料
浅咖啡色
文化石
深灰蓝色外墙涂料
深灰蓝色外墙涂料
参见陕02J02 09
不锈钢管@1100
铝百叶
8350
4500
300
±0.000
8.050
6.050
4.500
3550
5000
370
250
500
120
−0.300
0808

图5-53 15~1立面图

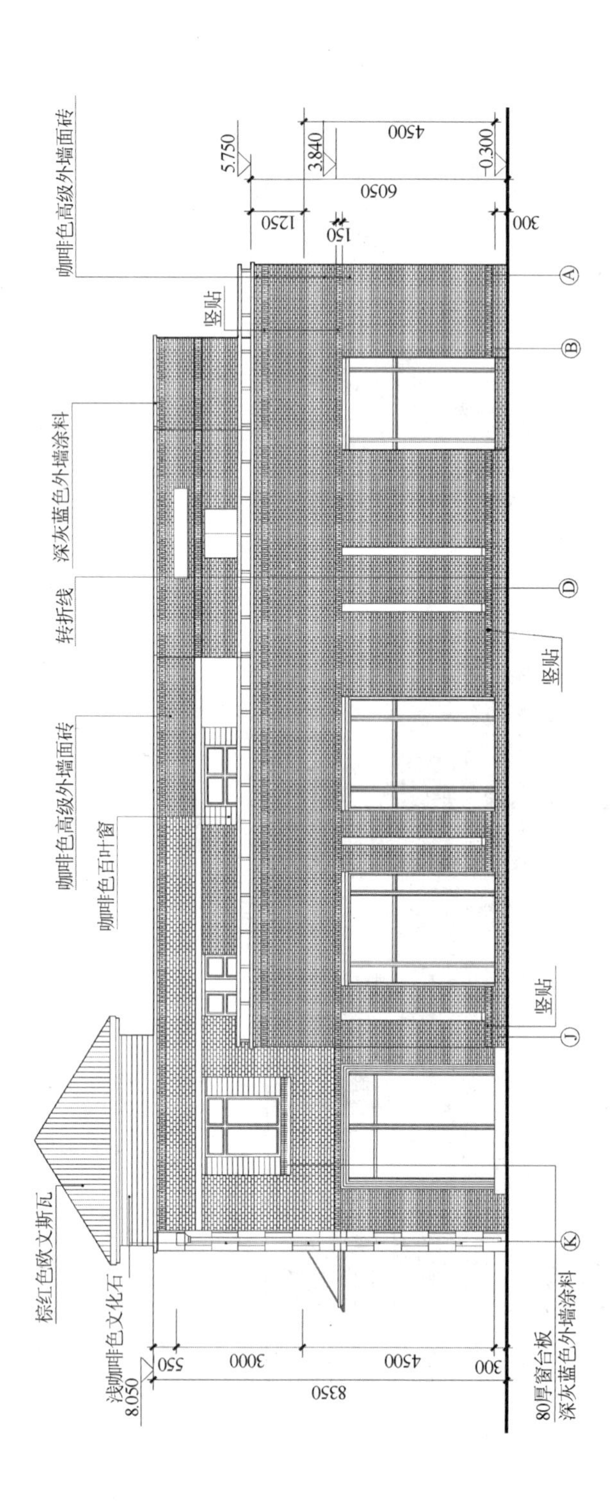
咖啡色高级外墙面砖
5.750
3.840
-0.300
4500
6050
1250
150
300
竖贴
深灰蓝色外墙涂料
转折线
咖啡色高级外墙面砖
咖啡色百叶窗
竖贴
竖贴
棕红色欧文斯瓦
浅咖啡色文化石
8.050
550
3000
4500
300
8350
80厚窗台板
深灰蓝色外墙涂料
A
B
D
J
K

图5-54 K~A立面图

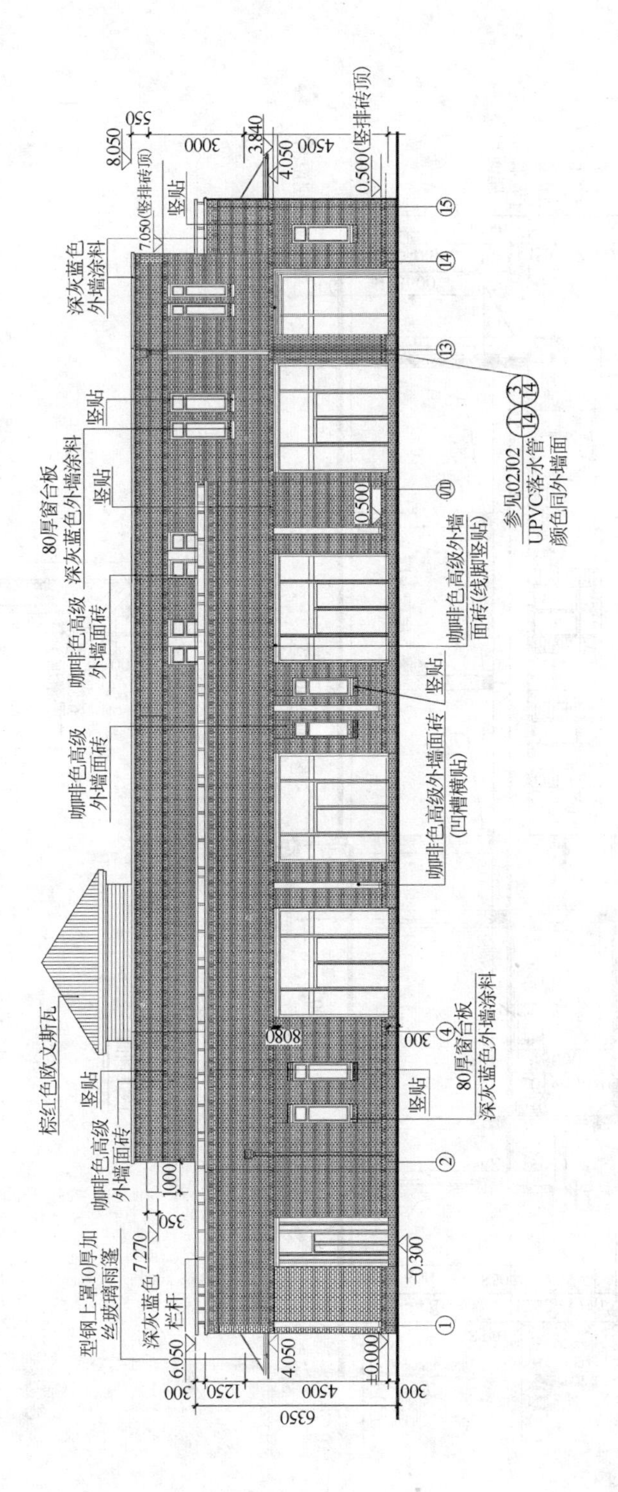
棕红色欧文斯瓦
竖贴
咖啡色高级外墙面砖
型钢上罩10厚加丝玻璃雨篷
深灰蓝色栏杆
80厚窗台板
深灰蓝色外墙涂料
咖啡色高级外墙面砖(凹槽横贴)
咖啡色高级外墙面砖(线脚竖贴)
参见02J02
UPVC落水管
颜色同外墙面
竖贴(竖排砖顶)
7.050(竖排砖顶)
0.500(竖排砖顶)
8.050
7.270
6.050
4.050
3.840
±0.000
-0.300
0.500
6350
4500
3000
1250
1000
550
350
300
8080

图5-55 1~15立面图

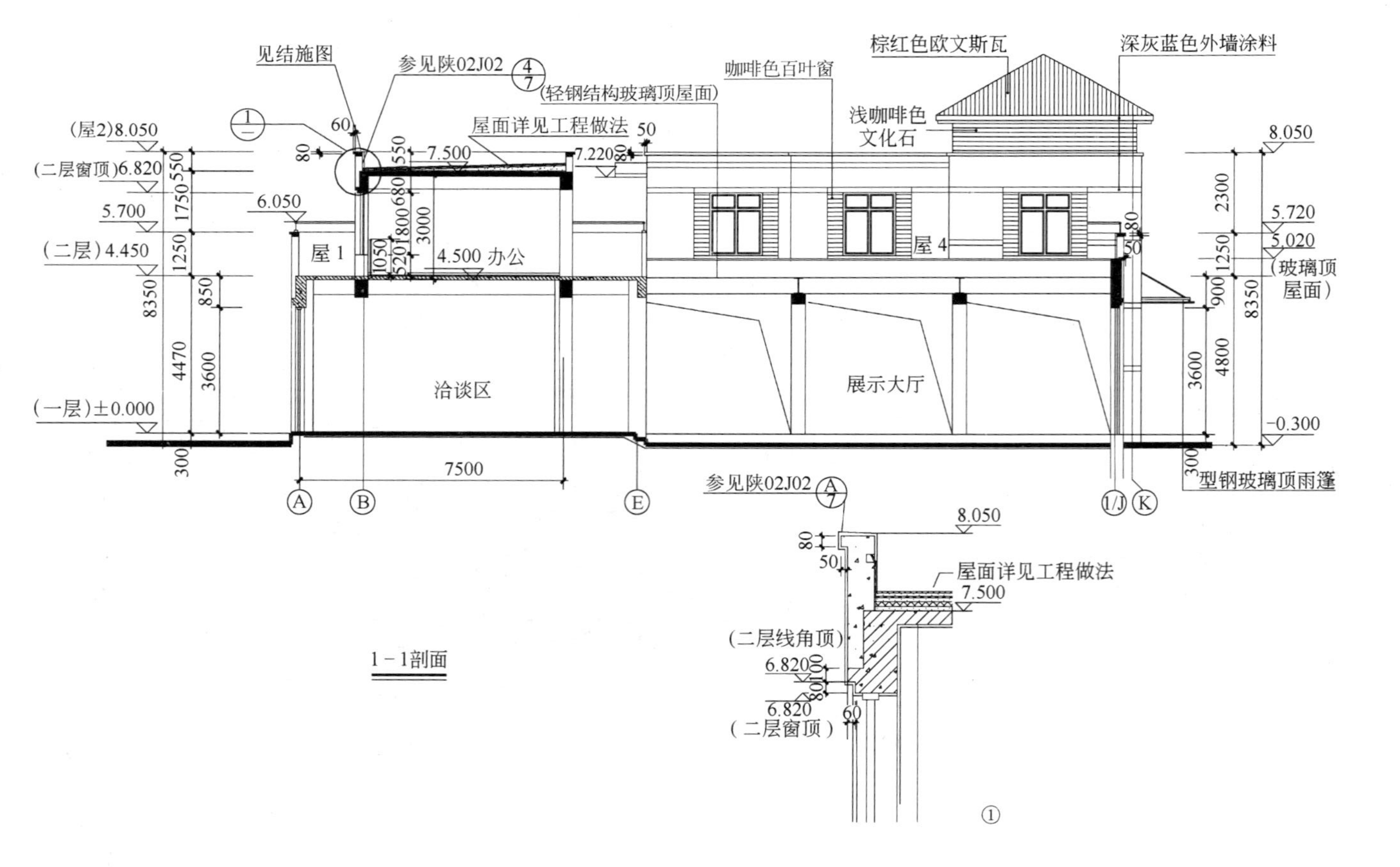
见结施图
参见陕02J02
(轻钢结构玻璃顶屋面)
屋面详见工程做法
咖啡色百叶窗
棕红色欧文斯瓦
深灰蓝色外墙涂料
浅咖啡色
文化石
(屋2)8.050
(二层窗顶)6.820
5.700
(二层)4.450
(一层)±0.000
6.050
7.500
7.220
4.500 办公
屋 1
屋 4
洽谈区
展示大厅
8.050
5.720
5.020
(玻璃顶
屋面)
-0.300
型钢玻璃顶雨篷
7500
8350
4470
3600
2300
1250
4800
1－1剖面
参见陕02J02
8.050
屋面详见工程做法
7.500
(二层线角顶)
6.820
6.820
(二层窗顶)

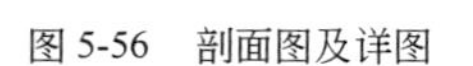

图 5-56 剖面图及详图

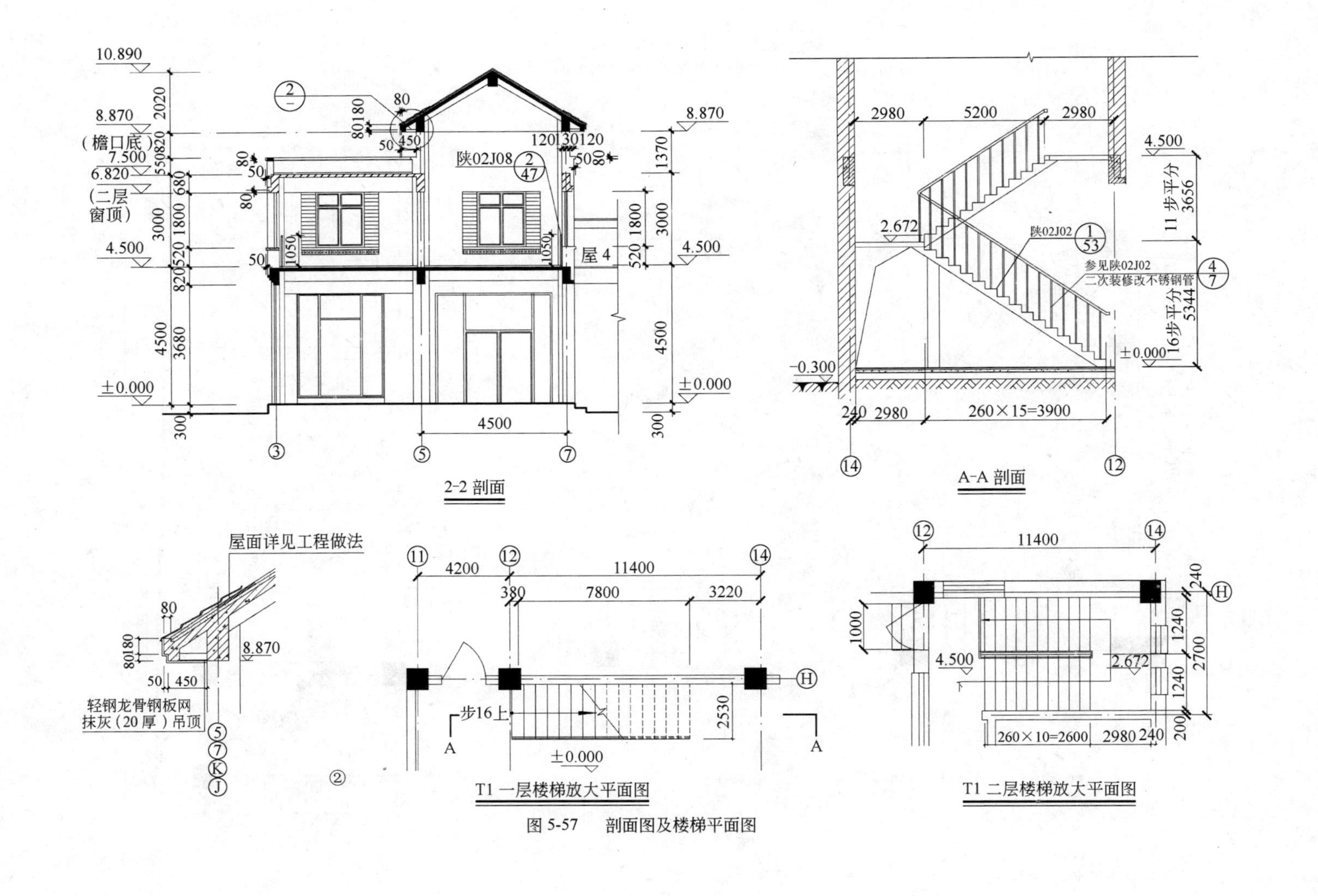

图 5-57 剖面图及楼梯平面图

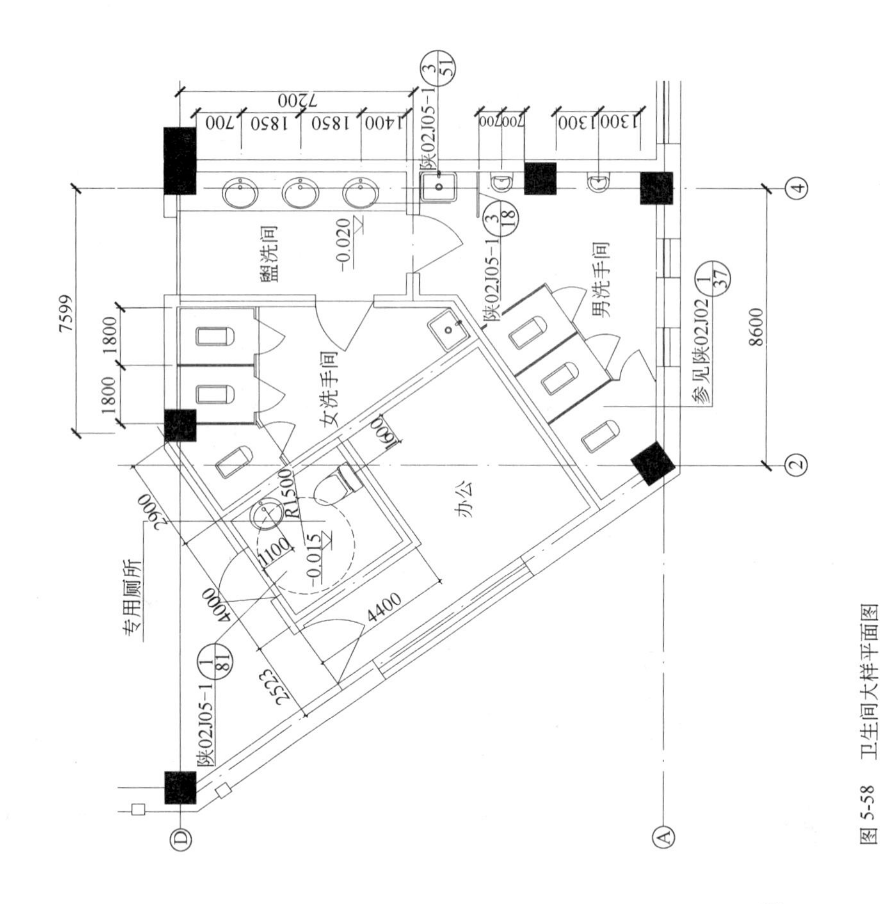

图 5-58 卫生间大样平面图

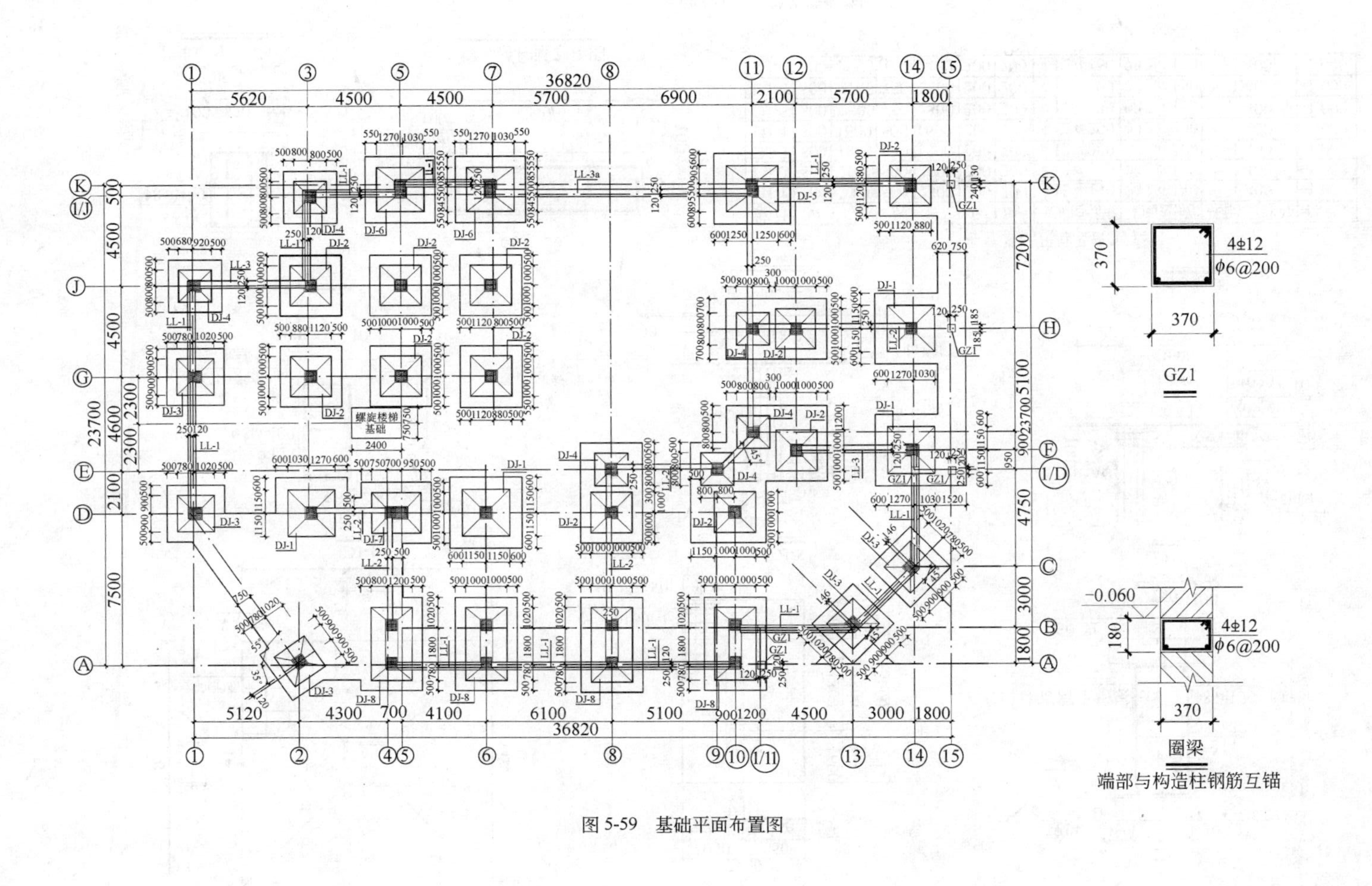

图 5-59 基础平面布置图

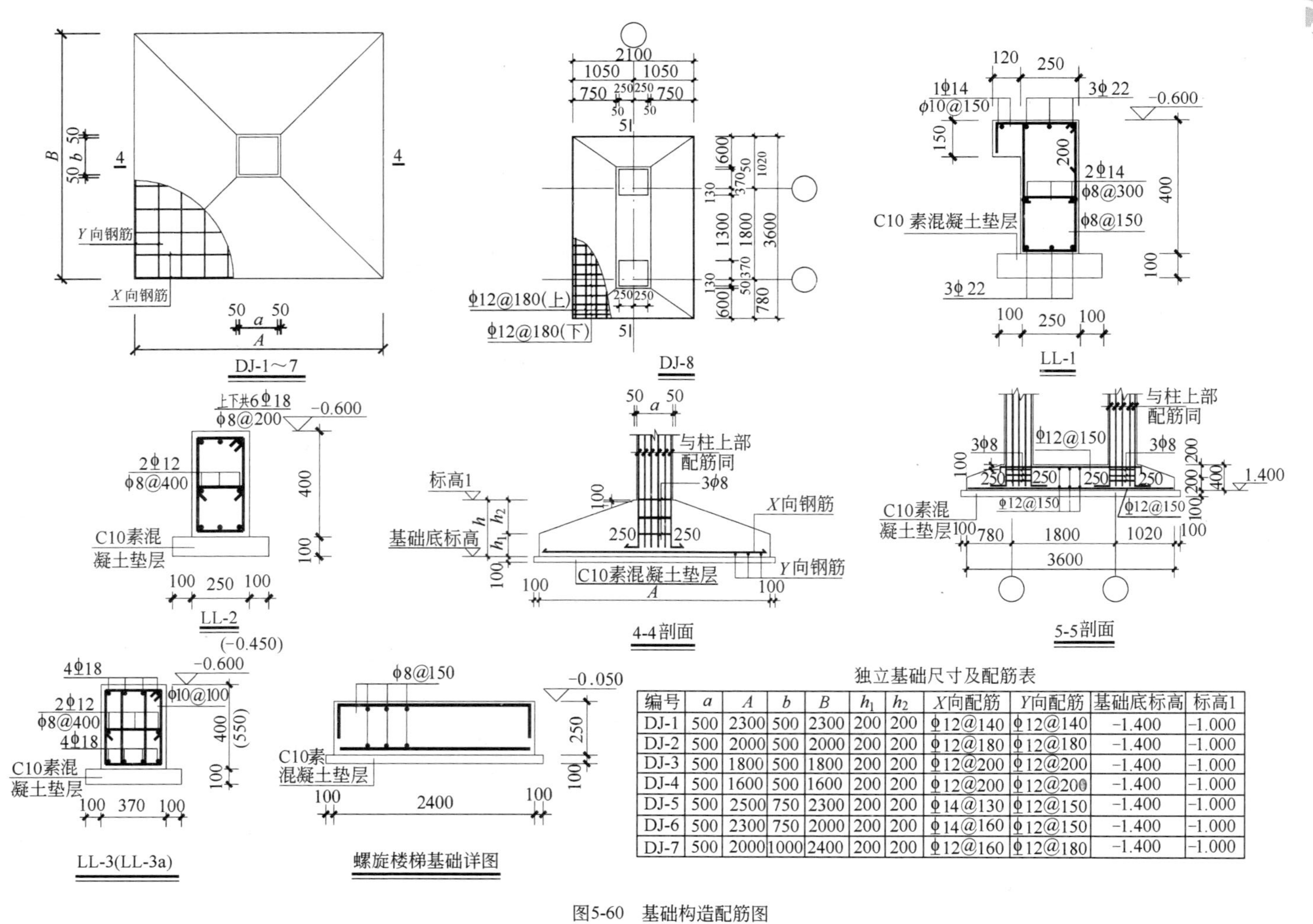

编号	a	A	b	B	h_1	h_2	X向配筋	Y向配筋	基础底标高	标高1
DJ-1	500	2300	500	2300	200	200	ϕ12@140	ϕ12@140	-1.400	-1.000
DJ-2	500	2000	500	2000	200	200	ϕ12@180	ϕ12@180	-1.400	-1.000
DJ-3	500	1800	500	1800	200	200	ϕ12@200	ϕ12@200	-1.400	-1.000
DJ-4	500	1600	500	1600	200	200	ϕ12@200	ϕ12@200	-1.400	-1.000
DJ-5	500	2500	750	2300	200	200	ϕ14@130	ϕ12@150	-1.400	-1.000
DJ-6	500	2300	750	2000	200	200	ϕ14@160	ϕ12@150	-1.400	-1.000
DJ-7	500	2000	1000	2400	200	200	ϕ12@160	ϕ12@180	-1.400	-1.000

图5-60　基础构造配筋图

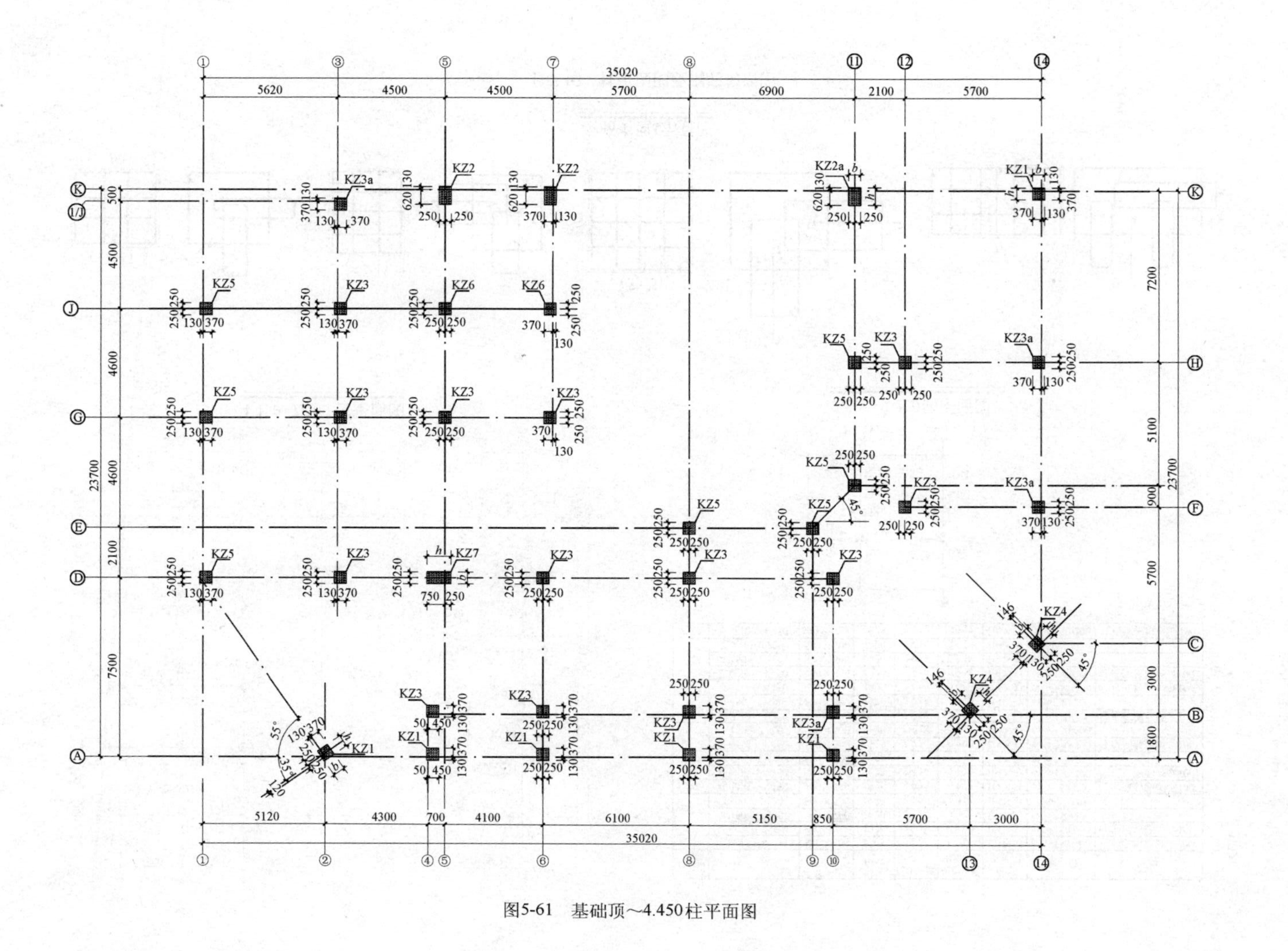

图5-61 基础顶~4.450柱平面图

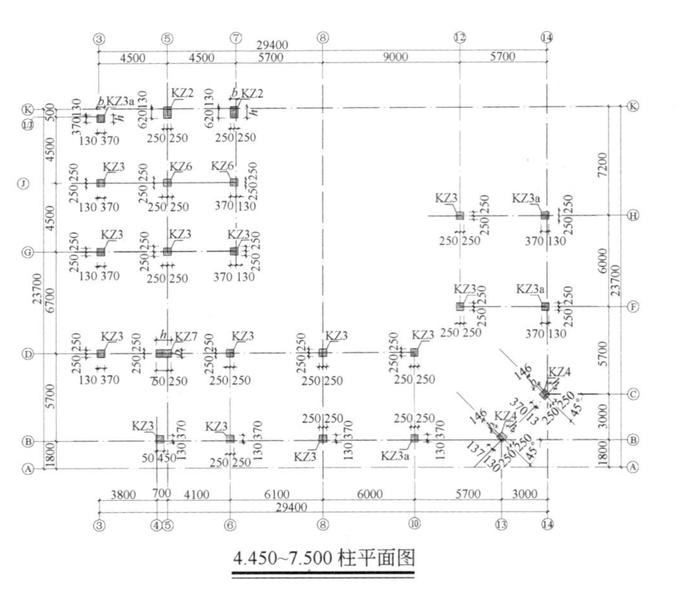

4.450~7.500 柱平面图

框架柱表

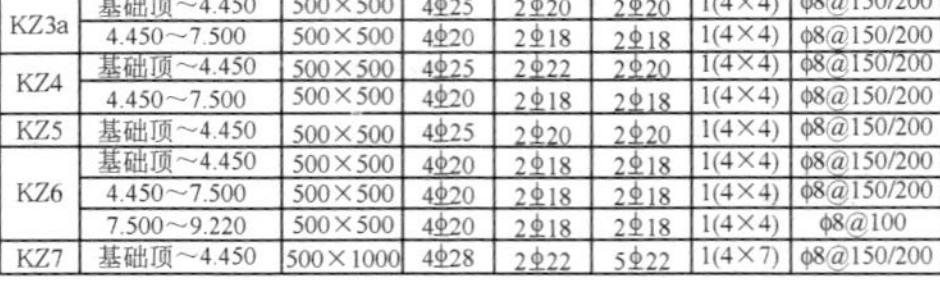

柱号	标高	$b\times h$	角筋	b边一侧中部筋	h边一侧中部筋	箍筋类型号	箍筋	备注
KZ1	基础顶~4.450	500×500	4Φ25	3Φ22	2Φ20	1(5×5)	ϕ8@150/200	柱根部箍筋ϕ8@100
KZ2	基础顶~4.450	500×750	4Φ25	3Φ22	4Φ20	1(4×5)	ϕ8@150/200	柱根部箍筋ϕ8@100
	4.450~7.500	500×750	4Φ20	2Φ20	3Φ20	1(4×5)	ϕ8@150/200	
	7.500~9.220	500×500	4Φ20	2Φ20	2Φ20	1(4×4)	ϕ8@100	
KZ2a	基础顶~4.450	500×750	4Φ25	3Φ22	4Φ22	1(4×5)	ϕ8@150/200	柱根部箍筋ϕ8@100
KZ3	基础顶~4.450	500×500	4Φ22	2Φ20	2Φ20	1(4×4)	ϕ8@150/200	柱根部箍筋ϕ8@100
	4.450~7.500	500×500	4Φ20	2Φ18	2Φ18	1(4×4)	ϕ8@150/200	
KZ3a	基础顶~4.450	500×500	4Φ25	2Φ20	2Φ20	1(4×4)	ϕ8@150/200	柱根部箍筋ϕ8@100
	4.450~7.500	500×500	4Φ20	2Φ18	2Φ18	1(4×4)	ϕ8@150/200	
KZ4	基础顶~4.450	500×500	4Φ25	2Φ22	2Φ20	1(4×4)	ϕ8@150/200	柱根部箍筋ϕ8@100
	4.450~7.500	500×500	4Φ20	2Φ18	2Φ18	1(4×4)	ϕ8@150/200	
KZ5	基础顶~4.450	500×500	4Φ25	2Φ20	2Φ20	1(4×4)	ϕ8@150/200	柱根部箍筋ϕ8@100
KZ6	基础顶~4.450	500×500	4Φ20	2Φ18	2Φ18	1(4×4)	ϕ8@150/200	柱根部箍筋ϕ8@100
	4.450~7.500	500×500	4Φ20	2Φ18	2Φ18	1(4×4)	ϕ8@150/200	
	7.500~9.220	500×500	4Φ20	2Φ18	2Φ18	1(4×4)	ϕ8@100	
KZ7	基础顶~4.450	500×1000	4Φ28	2Φ22	5Φ22	1(4×7)	ϕ8@150/200	柱根部箍筋ϕ8@100

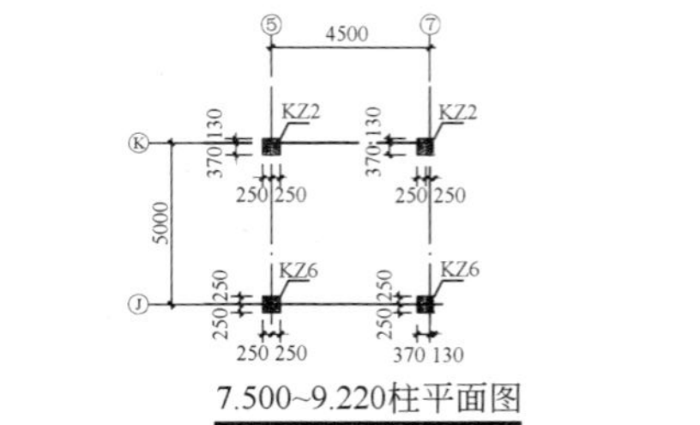

7.500~9.220柱平面图

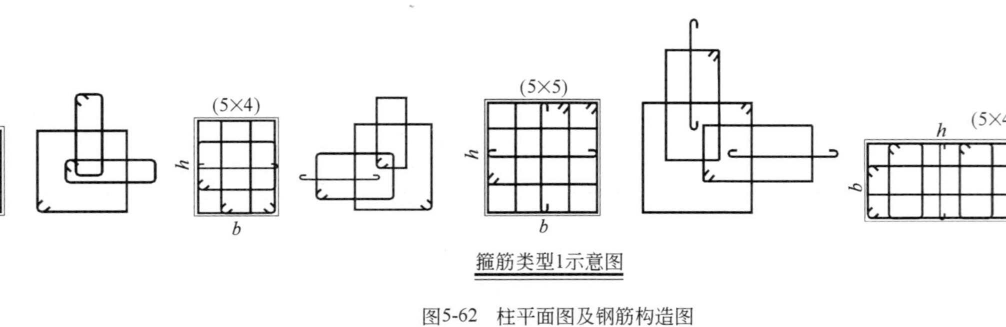

箍筋类型1示意图

图5-62　柱平面图及钢筋构造图

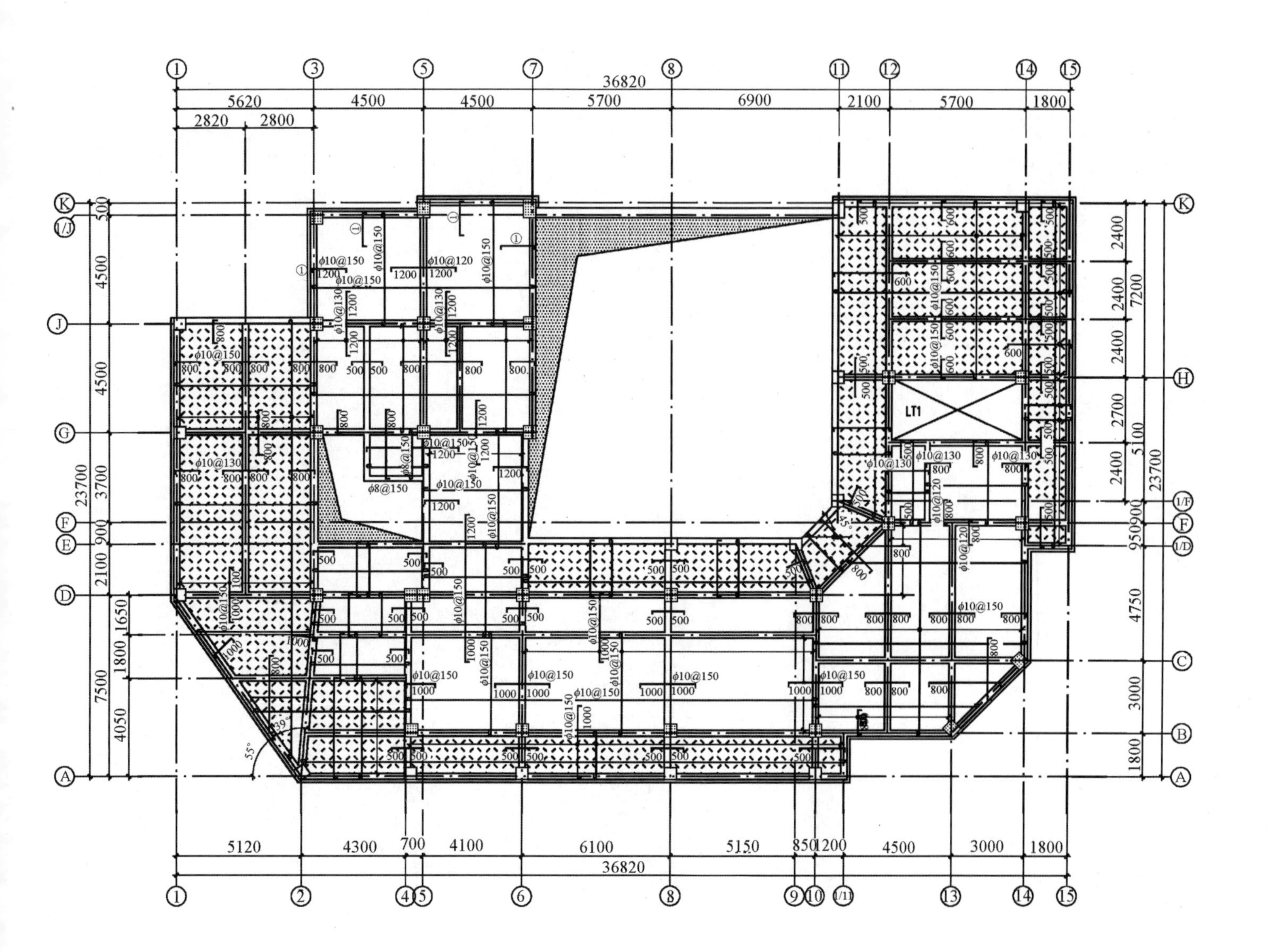

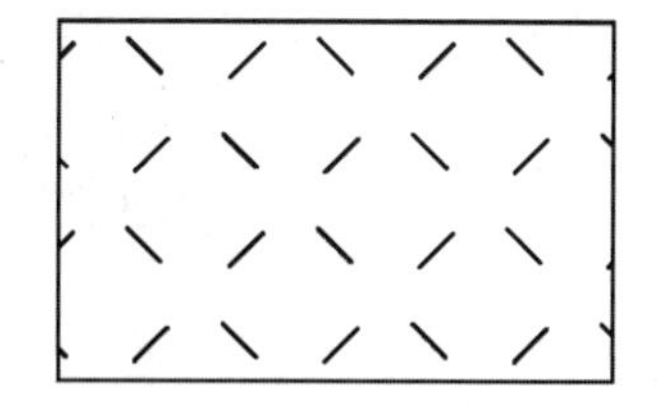

说明：

1. 未注明板底钢筋为ϕ10@200。
   未注明板面钢筋为ϕ10@200。
2. 现浇混凝土板板底钢筋短向放在长向钢筋下。
3. 图中支座短筋处尺寸表示钢筋自梁或墙边线伸出的长度。
4. 未注明的板分布钢筋为ϕ6@200。
5. 层面板板面上部钢筋未连接处布置ϕ6@200的钢筋网片。

图5-65　二层板配筋图

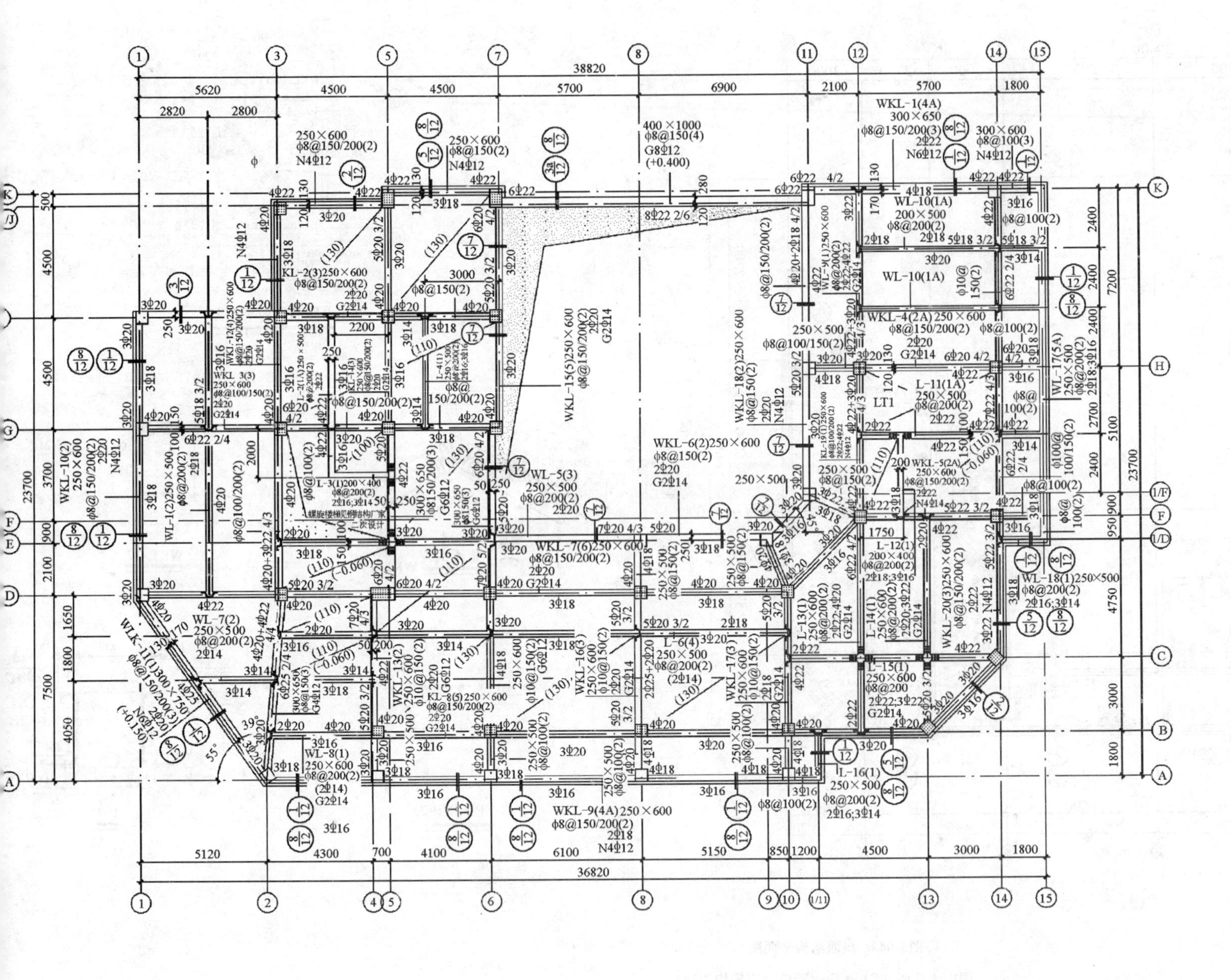

层号	楼面结构标高H(m)	层高(m)	柱、梁、板混凝土强度等级
坡屋面(顶)	10.890	3.420	C30
屋面	7.500	3.950	
2	4.450	3.050	
1	-0.050	4.500	

说明：

1. (板厚/相对标高) 板厚未注明者均为120，板面标高4.4500。
2. 梁受集中荷载时附加箍筋未注明者均为每侧三道间距50同等直径和肢数的附加箍筋。
3. 附加吊筋未注明者均为2⌀18。
4. 图中箍筋为三肢箍，四肢箍时的KL-*跨中架立筋为1⌀14或2⌀14。
5. 当L-*一端与框架柱相连，另一端与梁相连时，与框架柱相连一端按框架梁构造，梁箍筋加密区箍筋间距@150(2)。
6. 女儿墙，雨篷上落水管，水舌等留洞配合建施。

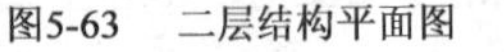

图5-63　二层结构平面图

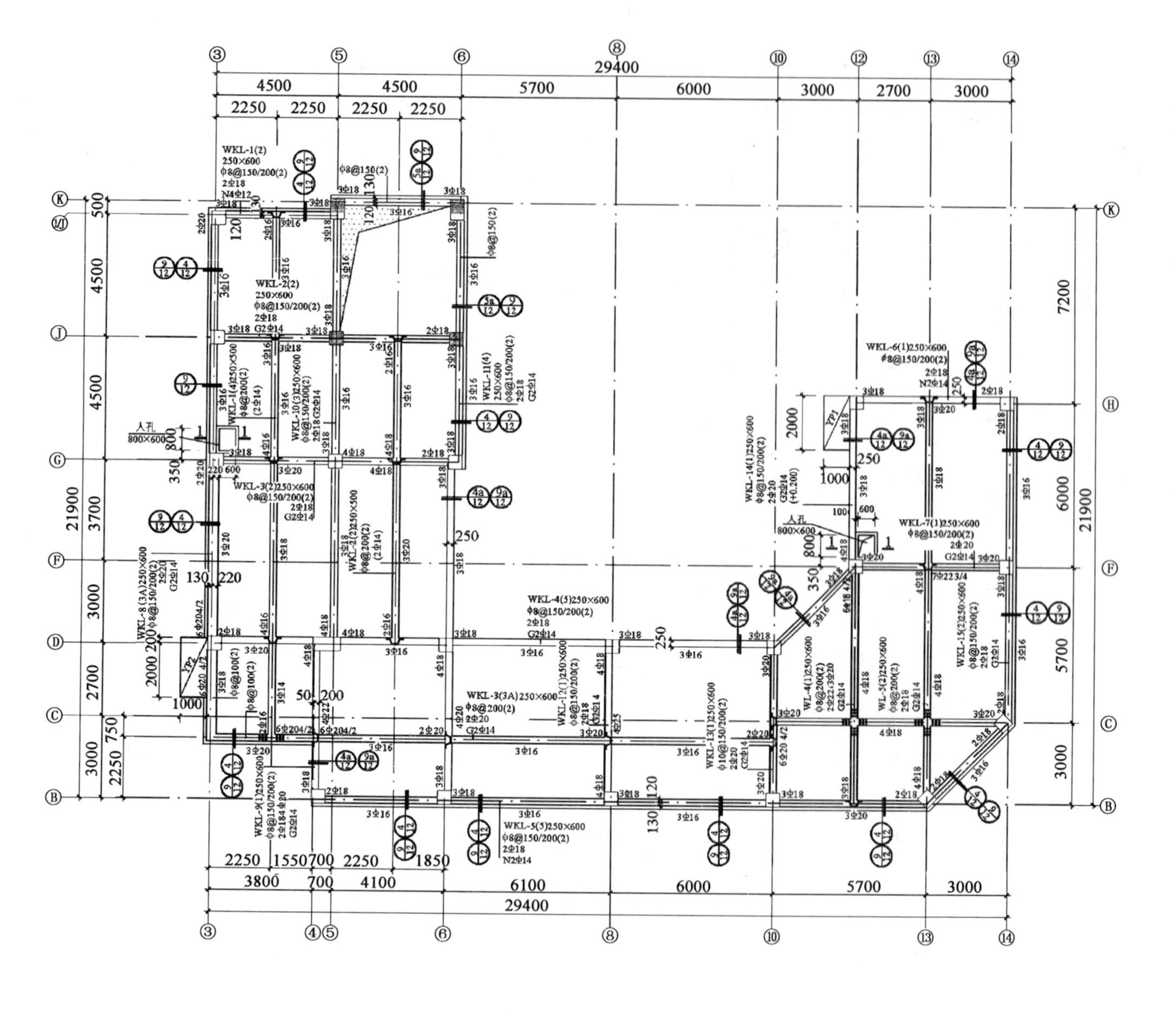

图5-64　屋面结构平面图

注：图中未注明的KL-*，L-*跨中架立筋均为2ϕ14

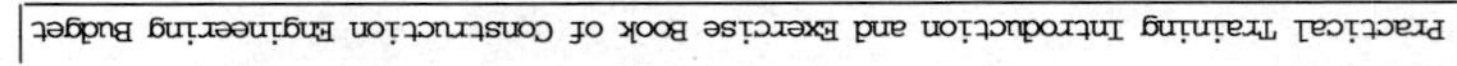

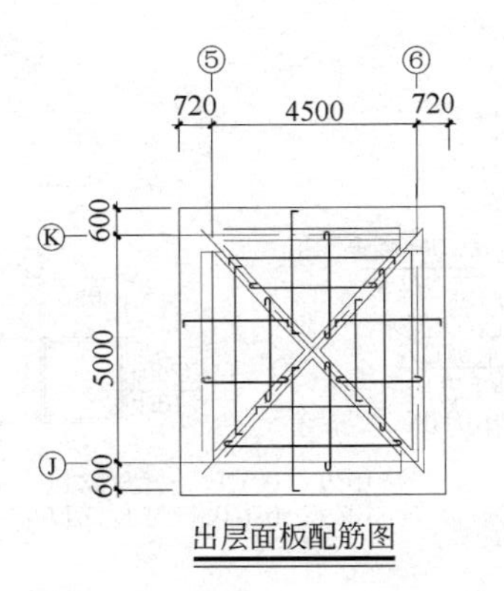

出层面板配筋图

说明：

1. 未注明板底钢筋为ϕ10@200，未注明板面钢筋为ϕ10@200。
2. 现浇混凝土板板底钢筋短向放在长向钢筋下。
3. 图中支座短筋处尺寸表示钢筋自梁或墙边线伸出的长度。
4. 未注明的板分布钢筋为ϕ6@200。
5. 屋面板板面上部钢筋未连接处布置ϕ6@200的钢筋网片。

图 5-66　屋面板配筋图

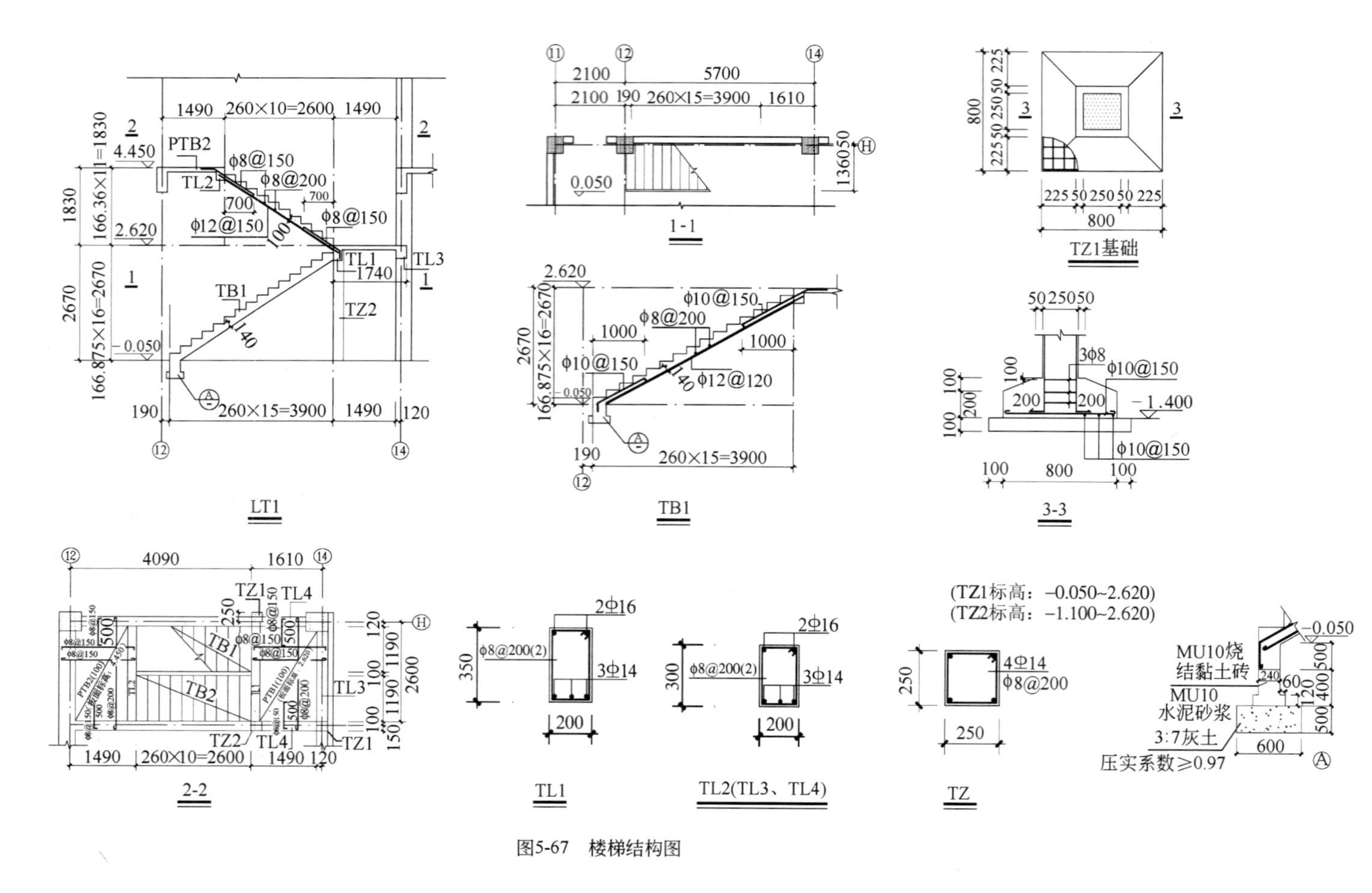
LT1
PTB2
TL2
TL1
TL3
TZ2
TB1
4.450
2.620
−0.050
ϕ8@150
ϕ8@200
ϕ12@150
260×10=2600
166.36×11=1830
166.875×16=2670
260×15=3900
1-1
2100
5700
1610
0.050
TB1
ϕ10@150
ϕ8@200
ϕ12@120
TZ1基础
3-3
3ϕ8
ϕ10@150
−1.400
2-2
4090
TZ1
TL4
TB2
TL1
TL2(TL3、TL4)
2Φ16
3Φ14
ϕ8@200(2)
(TZ1标高：−0.050~2.620)
(TZ2标高：−1.100~2.620)
4Φ14
ϕ8@200
TZ
−0.050
MU10烧
结黏土砖
MU10
水泥砂浆
3:7灰土
压实系数≥0.97
图5-67　楼梯结构图

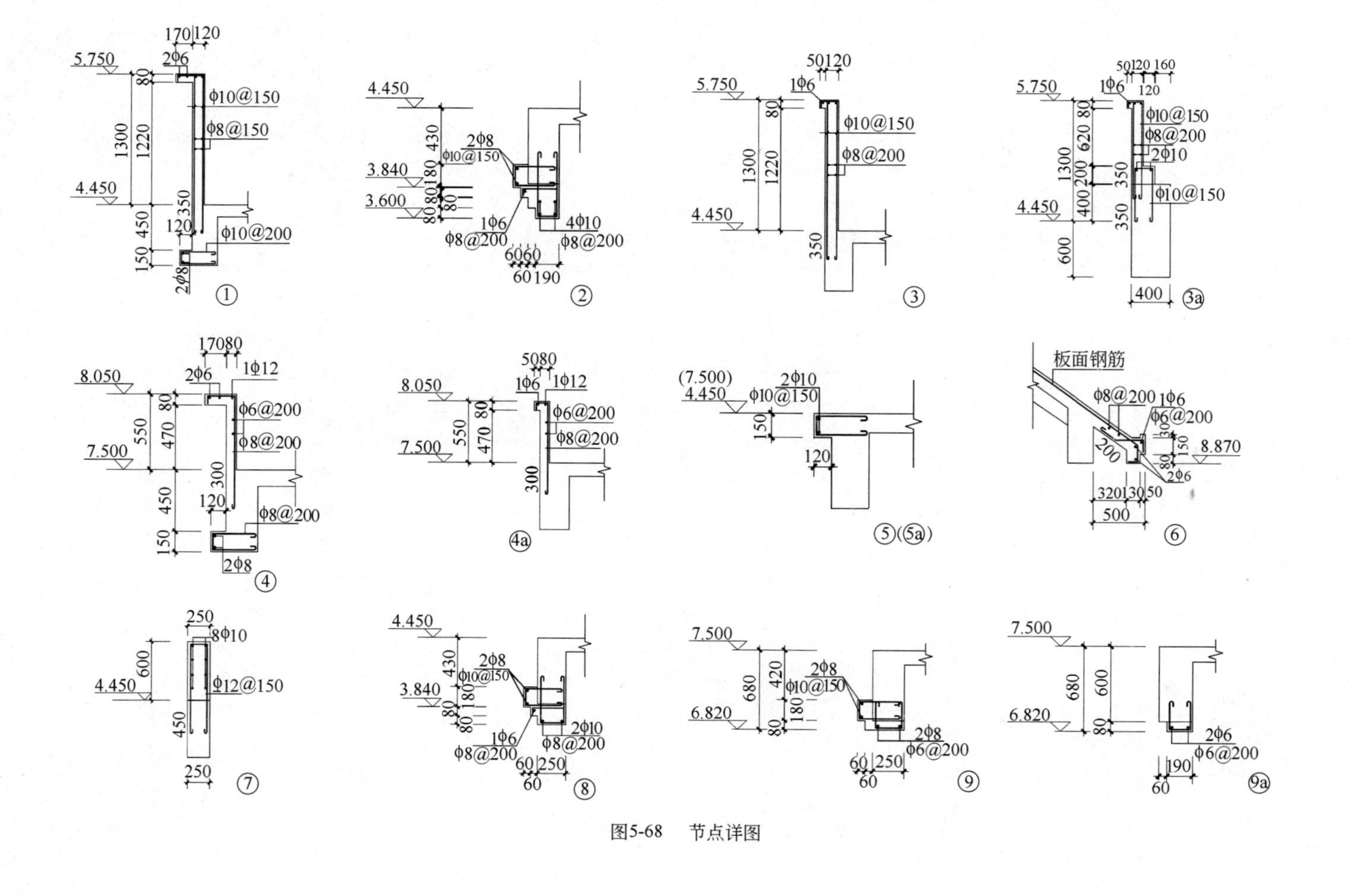

图5-68 节点详图

下　篇

建筑工程预算习题集

第六章 建筑工程预算概述

一 单项选择题

1. 建设程序,是指(　　)在整个建设过程中,各项工作(　　)的先后顺序。

A. 建设项目　可能遵循　　B. 建设工程　必须遵循

C. 建设项目　必须遵循　　D. 建设工程　可能遵循

2. 一个大型食品加工厂属于(　　)。

A. 单项工程　B. 建设工程　C. 建设项目　D. 单位工程

3. 一栋教学办公综合楼属于(　　)。

A. 单项工程　B. 分部工程　C. 建设项目　D. 单位工程

4. 某中学实验楼的土建工程属于(　　)。

A. 单项工程　B. 单位工程　C. 建设项目　D. 分项工程

5. 某大型商场的桩基础工程属于(　　)。

A. 建设项目　B. 单项工程　C. 分部工程　D. 单位工程

6. 不属于按建设项目性质的分类是(　　)。

A. 扩建项目　B. 在建项目　C. 改建项目　D. 迁建项目

7. 不属于按建设项目的建设过程分类是(　　)。

A. 筹建项目　B. 在建项目　C. 恢复项目　D. 投产项目

8. 具有独立的设计文件,可独立组织施工,但建成后不能独立发挥生产或效益的工程是指(　　)。

A. 建设项目　B. 单位工程　C. 分项工程　D. 单项工程

9. 具有独立的设计文件,可以独立组织施工,建成可以独立发挥生产或效益的工程是指(　　)。

A. 建设项目　B. 分项工程　C. 单项工程　D. 单位工程

10. 可行性研究阶段应该合理确定(　　),以便投资者能够正确决策,并为控制设计概算提供依据。

A. 施工预算　B. 施工图预算　C. 投资估算　D. 预期预算

11. (　　)是设计文件等的组成部分,也是评价设计方案的重要尺度。

A. 预期预算　B. 施工图预算　C. 投资估算　D. 设计概算

12. (　　)是施工企业进行工程结算的主要依据,也是确定施工合同价款的重要依据。

A. 预期预算　　B. 施工图预算　　C. 施工预算　　D. 工程概算

13. (　　)是施工企业内部的一种经济文件,也是"两算"对比的主要依据之一。

A. 工程概算　　B. 施工图预算　　C. 施工预算　　D. 工程结算

14. (　　)是在整个建设项目或单项工程完工并经验收合格后,由建设单位编制的工程预算文件。

A. 施工预算　　B. 施工图预算　　C. 竣工结算　　D. 竣工决算

15. 办理工程开工手续应该在项目建设程序的(　　)。

A. 生产实施　　B. 建设准备　　C. 建设实施　　D. 开工建设

二 多项选择题

1. 建设程序包括内容有(　　)。

A. 项目建议书阶段　　B. 项目策划阶段

C. 建设实施阶段　　D. 竣工验收阶段

2. 关于项目竣工验收论述正确的有(　　)。

A. 是建设项目建设全过程的最后一个程序

B. 是项目决策的实施、建成投产发挥效益的关键环节

C. 投资成果转入生产或使用的标志

D. 是检查工程是否合乎设计要求和质量好坏的重要环节

3. 以下(　　)项目属于建设项目。

A. 某一办公楼的土建工程　　B. 某一化工厂

C. 某一大型体育馆　　D. 教学楼的安装工程

4. 以下(　　)项目属于单项工程。

A. 纺织厂的织布车间　　B. 某一中型规模的火车站

C. 某一住宅楼　　D. 某一大型医院

5. 以下(　　)项目属于单位工程。

A. 教学楼的主体工程　　B. 办公楼的土建工程

C. 住宅楼 ±0.000 以下的工程　　D. 汽车组装车间的工艺设备安装工程

6. 以下(　　)项目属于一个分部工程。

A. 写字楼的钢筋混凝土工程　　B. 教学楼的土建工程

C. 图书馆的土方工程　　D. 综合楼的钢筋工程

7. 建设项目按照建设过程的分类有(　　)。

A. 在建项目　　B. 生产项目　　C. 筹建项目　　D. 投产项目

8. 建设项目按照性质不同的分类有(　　)。

A. 新建项目　　B. 扩建项目

C. 筹建项目　　D. 迁建项目

9. 在工程建设程序的不同阶段需要确定的各种建筑工程预算有(　　)。

A. 设计估算　　B. 施工预算　　C. 工程结算　　D. 工程决算

10. 施工企业的“三算”是指(　　)。

A. 预期预算　　B. 施工预算　　C. 工程结算　　D. 施工图预算

11. 施工图预算的作用有(　　)。

A. 是确定建安工程承发包合同价的依据　B. 是建设项目投资决策的依据

C. 是办理工程结算的依据　D. 是控制设计概算的依据

12. 施工预算的作用有(　　)。

A. 是施工企业投标报价的依据　B. 是施工企业向班组签发任务单的依据

C. 是施工企业限额领料的依据　D. 是控制竣工决算的依据

13. 编制工程结算的依据有(　　)。

A. 经审核批准的施工图预算　B. 施工现场签证

C. 停工整改通知书　D. 工程变更通知书

14. 现行建设工程项目总费用构成除工程费用外还包括(　　)。

A. 工程建设其他费用　B. 预备费

C. 工程管理费　D. 专项费用

15. (　　)均属于工程预算文件。

A. 建设项目总预算文件　B. 工程项目总预算文件

C. 单项工程综合预算文件　D. 单位工程预算文件

三 问答题

1. 建设程序分哪几个阶段?
2. 试举例说明建设项目的组成。
3. 建设项目有几种分类形式? 简述建设项目各种分类的类型。
4. 简述各种建筑工程预算的主要作用和编制主体。

第七章 建筑工程定额

一 单项选择题

1. 建筑工程定额是指在( )条件下,完成单位合格建筑工程产品所( )的人工、材料、机械台班的数量标准。

A. 施工组织 必须消耗　　B. 正常施工 必须消耗

C. 正常施工 实际消耗　　D. 施工组织 实际消耗

2. 建筑工程定额除规定各种资源消耗的( )外,还要规定应完成的产品规格、工作内容以及应达到的( )和安全要求。因此,建筑工程定额是质与量的统一体。

A. 数量标准 计量标准　　B. 质量标准 计量标准

C. 数量标准 质量标准　　D. 质量标准 数量标准

3. 定额水平就是为完成单位合格产品由定额规定的各种资源消耗应达到的数量标准,它是衡量( )高低的指标。

A. 定额数量标准　B. 定额消耗量　C. 定额计量标准　D. 资源消耗量

4. 定额水平不同,定额所规定的资源消耗量也就不同。一般定额水平越高,定额所规定的各项资源消耗量指标就( );定额水平越低,定额所规定的各项资源消耗量指标就( )。

A. 越低 越高　　B. 越高 越低

C. 不变 不变　　D. 不能确定 不能确定

5. 建筑工程定额按编制程序和用途分类时,除概算定额和概算指标外,还包括( )。

A. 劳动定额与施工定额　　B. 产量定额与施工定额

C. 预算定额与施工定额　　D. 时间定额与预算定额

6. 施工定额是指在正常的施工技术和施工组织条件下,按( )制定的为完成单位( )所需人工、材料、机械台班消耗的数量标准。

A. 平均先进水平 合格产品　　B. 平均水平 建筑产品

C. 先进水平 单位产品　　D. 社会平均水平 单项产品

7. ( )是指某种专业、某种技术等级的工人班组或个人,在合理的劳动组织、合理的使用材料和合理的施工机械配合条件下,完成某单位合格产品所必需的工作时间。

A. 产量定额　B. 时间定额　C. 劳动定额　D. 消耗定额

8. 预算定额的水平是( )。

A. 平均先进水平　B. 社会先进水平　C. 社会平均水平　D. 实际水平

9. 建设工程定额按(　　)分为:劳动定额、材料消耗定额、机械台班使用定额。

A. 管理层次　B. 适用专业　C. 执行范围　D. 生产要素

10. (　　)是建筑安装企业用于内部管理的定额,属于企业定额的性质。

A. 施工定额　B. 预算定额　C. 概算定额　D. 概算指标

11. 时间定额与产量定额的关系是(　　)。

A. 正比例关系　B. 互为倒数　C. 等比关系　D. 等差关系

12. 材料消耗定额包括材料的净用量和必要的(　　)。

A. 运输损耗量　B. 堆放损耗量　C. 制作损耗量　D. 工艺损耗量

13. 周转性材料是指在建筑安装工程中不直接构成(　　),可多次周转使用的工具性材料。

A. 具体工程　B. 工程实体　C. 工程实质　D. 实际工程

14. 劳动定额中未包括,而在一般正常的施工条件下不可避免的,但又无法计量的用工,在预算定额人工消耗指标中称为(　　)。

A. 辅助用工　B. 超运距用工　C. 零星用工　D. 人工幅度差

15. 次要零星材料消耗指标的确定方法除用其他材料费外,还可用(　　)方法确定。

A. 主要材料的百分比　B. 摊销量

C. 消耗量　D. 材料幅度差

16. 预算定额中的机械台班消耗量是在劳动定额或施工定额中相应项目的机械台班消耗指标基础上制定的,在制定过程中还应考虑增加一定的(　　)。

A. 辅助机械台班　B. 机械幅度差

C. 零星机械台班　D. 安拆机械台班

17. 材料单价是指材料由交货地点运至工地仓库后的(　　)。

A. 单位价格　B. 管理价格　C. 出库价格　D. 成本价格

18. 施工机械台班预算单价是指某种施工机械在一个台班内,为了正常运转所必须支出和(　　)的各项费用之和。

A. 支出　B. 分摊　C. 收入　D. 支出和分摊

19. 某工程有 450m^3 一砖半内墙的砌筑任务,每天有两个班组来作业,每个班组人数为 8 人,共花费 18 天完成了任务,其时间定额为(　　)工日/m^3。

A. 1.56　B. 1.28　C. 0.64　D. 0.5

二 多项选择题

1. 建筑工程定额具有(　　)等特性。

A. 科学性　B. 法令性　C. 地区性　D. 相对稳定性

2. 建筑工程定额按生产要素的分类有(　　)。

A. 时间定额　B. 材料消耗定额

C. 机械台班使用定额　D. 产量定额

3. 建筑工程定额按定额编制程序和用途的分类有(　　)。

A. 施工定额　B. 预算定额　C. 产量定额　D. 概算指标

4. 施工定额的作用有(　　)。

A. 是编制施工图预算依据　B. 是提高生产率的手段

C. 有利于推广先进技术　D. 是编制预算定额的基础

5. 确定劳动定额的工作时间通常采用(　　)。

A. 技术测定法　B. 统计分析法

C. 试验法　D. 类推比较法

6. 施工定额中的主要材料消耗定额的制定方法有(　　)。

A. 观测法　B. 统计法　C. 试验法　D. 类推比较法

7. 属于周转性材料有(　　)。

A. 脚手架　B. 模板　C. 挡土板　D. 预埋铁件

8. 预算定额中的人工消耗量是指完成某一计量单位的分项工程或结构构件所需的各种用工量总和。其内容包括(　　)等。

A. 基本用工　B. 超运距用工　C. 返工用工　D. 人工幅度差

9. 预算定额的主要作用有(　　)。

A. 编制施工预算　B. 控制工程造价

C. 编制招标标底　D. 进行竣工结算

10. 预算定额机械幅度差的内容包括(　　)。

A. 偶然或多余的工作时间

B. 工程开工或结尾时工程量不饱满所损失的时间

C. 机械维修引起的停歇时间

D. 临时停电影响机械操作的时间

11. 施工定额中材料消耗定额的材料消耗指标有(　　)。

A. 材料的总耗量　B. 材料的一次使用量

C. 材料的周转使用量　D. 材料的摊销量

12. 人工单价是直接从事施工生产的工人日工资水平,除生产工人的基本工资和工资性补贴外,还包括(　　)。

A. 生产工人辅助工资　B. 职工福利费

C. 流动津贴　D. 生产工人劳动保护费

13. 建筑材料、成品及半成品的单价主要由(　　)等组成。

A. 材料原价　B. 材料运杂费

C. 材料的保管费　D. 材料的包装费

14. (　　)等是施工机械台班单价的组成部分。

A. 机械折旧费　B. 燃料动力费

C. 机械租赁费　D. 机上人员工资

15. 预算定额与施工定额的区别有(　　)。

A. 定额水平不同　B. 主要作用不同

C. 定额项目划分不同　D. 消耗指标不同

三 问答题

1. 如何确定预算定额分部分项工程的计量单位？

2. 预算定额与施工定额的消耗指标一样大小吗？为什么？

四 计算题

1. 某现浇钢筋混凝土圈梁工程量为 260.66m^3，每天有 18 名技术工人投入施工，时间定额为 2.41 工日/m^3（一班工作制），试计算完成该项工程的定额施工天数。

2. 计算标准砖一砖半墙每立方米砖砌体和砂浆的消耗量，砖和砂浆的损耗率均为 1%。

3. 已知：某工地钢材由甲、乙方供货，甲、乙方的原价分别为 3830 元/t、3810 元/t，甲、乙方的运杂费分别为 31.50 元/t、33.50 元/t，甲、乙方的供应量分别为 400t、800t，材料的运输损耗率为 1.5%，采购保管费率为 2.5%。求该工地钢材的材料单价。

4. 已知：在钢筋混凝土基层上做 20mm 厚 1∶3 水泥砂浆找平层，所需人工费 342.30 元/100m^2，材料费 423.98 元/100m^2，机械费 24.10 元/100m^2。1∶3 水泥砂浆找平层每增减 5mm，所需人工费 59.22 元/100m^2，材料费 87.93 元/100m^2，机械费 6.38 元/100m^2。计算在钢筋混凝土基层上做 30mm 厚水泥砂浆找平层，所需人工费、材料费、机械费各是多少？

5. 已知：在 M10 水泥砂浆砖基础定额基价为 1254.31 元/10m^3，其中人工费 303.36 元/10m^3，材料费 931.65 元/10m^3，机械费 19.30 元/10m^3。M10 水泥砂浆定额用量为 2.36m^3/10m^3，M10 水泥砂浆单价为 110.82 元/m^3，M15 水泥砂浆单价为 122.54 元/m^3。计算 M15 水泥砂浆砖基础的定额基价和人工费、材料费、机械费各是多少？

6. 已知：C20 砾石普通混凝土的定额基价为 268.43 元/m^3，其中人工费 76.44 元/m^3，材料费 174.26 元/m^3，机械费 17.73 元/m^3。C20 砾石普通混凝土定额用量为 1.015m^3/m^3，C20 砾石普通混凝土单价为 163.39 元/m^3，C30 砾石普通混凝土单价为 186.64 元/m^3。计算 C30 砾石普通混凝土的定额基价、人工费、材料费、机械费各是多少？

第八章 建筑工程量计算

一 单项选择题

1. 单层建筑物的建筑面积,应按其外墙勒脚以上(　　)计算。

A. 定位轴线围成的水平面积　　B. 外墙饰面外围水平面积

C. 结构外围水平面积　　D. 外墙勒脚外围水平面积

2. 单层建筑物高度在(　　)m 及以上者应计算全面积;高度不足(　　)m 者应计算(　　)面积。

A. 2.20　2.10　1/3　　B. 2.20　2.10　1/2

C. 2.20　2.20　1/2　　D. 2.30　2.20　1/3

3. 多层建筑物首层应按其(　　)计算;二层及以上楼层应按其(　　)计算。

A. 外墙勒脚以上结构水平面积　外墙结构水平面积

B. 外墙勒脚以上结构外围水平面积　外墙结构外围水平面积

C. 轴线围成的水平面积　外墙饰面外围水平面积

D. 外墙勒脚以上结构外围水平面积　外墙结构水平面积

4. 建筑物外有围护结构的挑廊和走廊的建筑面积,应按其围护结构(　　)计算。

A. 外围水平面积　　B. 水平面积的全面积

C. 水平面积的 1/2 面积　　D. 轴线围成的水平面积

5. 建筑物的门厅、大厅 6m 净高,按(　　)计算建筑面积。

A. 实际层　　B. 自然层　　C. 多层　　D. 一层

6. 有永久性顶盖无围护结构的场馆看台的建筑面积(　　)。

A. 应按其顶盖水平投影面积计算　　B. 不计算

C. 应按其顶盖水平投影面积的 1/2 计算　D. 根据场馆的规模确定

7. 雨篷结构的外边线至外墙结构外边线的宽度≤2.10m 者(　　)。

A. 应按雨篷结构板的水平投影面积计算

B. 根据雨篷构造形式计算

C. 应按雨篷结构板的水平投影面积的 1/2 计算

D. 不计算

8. 有柱雨篷和无柱雨篷建筑面积的计算方法是(　　)。

A. 有区别 B. 一致

C. 不能确定 D. 相似

9. 建筑物阳台的建筑面积(　　)。

A. 均应按其水平投影面积的 1/2 计算 B. 按其实际面积的 1/2 计算

C. 按其水平投影面积计算 D. 不同形式的阳台计算方法不同

10. 有永久性顶盖的室外楼梯,应按建筑物(　　)的水平投影面积的(　　)计算。

A. 自然层　全面积 B. 自然层　1/2

C. 楼梯层数　1/2 D. 楼梯层数　全面积

11. 某一单层工业厂房为"矩形"平面,其外墙外边线长分别为纵向 60.120m、横向 12.120m,厂房高 9.000m。则该建筑工程的建筑面积为(　　)m^2。

A. 541.08 B. 650.16

C. 728.65 D. 109.08

12. 平整场地是指在施工场地内厚度为(　　)的就地挖、填、找平。

A. ±30cm B. ±50cm C. ±30mm D. ±50mm

13. 某一建筑工程为"矩形"平面,其外墙外边线分别为 51.12m 和 12.12m。则按《全国统一建筑工程预算工程量计算规则》,该建筑工程平整场地的工程量应为(　　)。

A. 619.57m^2 B. 987.66m^2

C. 1035.01m^2 D. 888.53m^2

14. 某一建筑工程土方开挖时,开挖的基底平面尺寸为长 12m、宽 3.5m,则该挖土项目按《全国统一建筑工程预算工程量计算规则》(GJDGZ 101—1995)应列为(　　)。

A. 挖土方 B. 挖土墩

C. 挖基坑 D. 挖基槽

15. 某一建筑工程土方开挖时,开挖的平面尺寸为长 10m、宽 2m,则该挖土项目按《全国统一建筑工程预算工程量计算规则》(GJDGZ 101—1995)应列为(　　)。

A. 挖土墩 B. 挖土方 C. 挖基槽 D. 挖基坑

16. 挖沟槽、基坑需支挡土板时,其宽度按图示沟槽、基坑底宽,单面加(　　)cm,双面加(　　)cm 计算。

A. 5　10 B. 20　40 C. 25　50 D. 10　20

17. 在计算建筑工程量时,基础与墙身使用同一种材料时,基础与墙身以(　　)为界。

A. 室内地面 B. 室外地面 C. 设计室内地面 D. 设计室外地面

18.《全国统一建筑工程预算工程量计算规则》(GJDGZ 101—1995)规定在计算砖混结构建筑工程量时,外墙砖基础和砖墙工程量的长度按(　　)计取。

A. 外墙外边线 B. 外墙净长线 C. 外墙轴线 D. 外墙中心线

19.《全国统一建筑工程预算工程量计算规则》(GJDGZ 101—1995)规定在计算砖混结构建筑工程量时,砖内墙工程量的长度按(　　)计取。

A. 内墙中心线 B. 内墙净长线 C. 内墙轴线 D. 内墙定位轴线

20.《全国统一建筑工程预算工程量计算规则》(GJDGZ 101—1995)规定计算外脚手架时,门窗洞口、空圈等所占的面积(　　)。

A. 按洞口面积扣除　　B. 按框外围面积扣除
C. 均不扣除　　D. 按不同情况扣除

21.《全国统一建筑工程预算工程量计算规则》(GJDGZ 101—1995)规定:各类木门窗制作、安装工程量均按门窗(　　)计算。

A. 洞口面积　　B. 框外围面积
C. 实际面积　　D. 图示设计数量

22.《全国统一建筑工程预算工程量计算规则》(GJDGZ 101—1995)规定:木楼梯按水平投影面积计算不扣除宽度(　　)的楼梯井。

A. 小于等于 50cm　　B. 大于 30cm
C. 小于等于 30cm　　D. 大于 50cm

23.《全国统一建筑工程预算工程量计算规则》(GJDGZ 101—1995)规定:卷材防水屋面按图示尺寸的(　　)以平方米计算。

A. 水平投影面积　　B. 水平投影面积×规定的坡度系数
C. 垂直投影面积　　D. 垂直投影面积×规定的坡度系数

24.《全国统一建筑工程预算工程量计算规则》(GJDGZ 101—1995)规定:保温隔热层均按设计实铺厚度以(　　)计算。

A. 平方米　　B. 延长米　　C. 吨　　D. 立方米

25.《全国统一建筑工程预算工程量计算规则》(GJDGZ 101—1995)规定:木门窗油漆工程量按(　　)以平方米计算。

A. 单面洞口面积　　B. 单面洞口面积×规定的系数
C. 双面洞口面积　　D. 实际油漆面积

26.《全国统一建筑工程预算工程量计算规则》(GJDGZ 101—1995)规定:金属结构制作工程量按图示(　　)以吨计算。

A. 钢材质量　　B. 钢材重量　　C. 钢材尺寸　　D. 钢材体积

27. 某办公楼各层外围水平面积为 500m^2,共 6 层,二层以上每层两个阳台,每个水平面积为 5m^2,雨篷板挑出宽度为 1200mm,雨篷板长 3600mm,则该建筑的总建筑面积为(　　)m^2。

A. 3054.32　　B. 3050.00　　C. 3025.00　　D. 3027.16

二 多项选择题

1. 建筑面积是指建筑物各层水平面积的总和。包括了建筑物中的(　　)。

A. 居住面积　　B. 使用面积　　C. 辅助面积　　D. 交通面积
E. 结构面积

2. 下列(　　)不应计算建筑面积。

A. 过街楼的底层　　B. 建筑物内的设备管道夹层
C. 屋顶水箱　　D. 空调机外机搁板
E. 净高≥1.80m 的可利用坡屋顶空间　　F. 采光井

3. 建筑物内的(　　)应按建筑物的自然层计算。

A. 室内楼梯间　　B. 通风道　　C. 操作平台

D. 变形缝　　　　　E. 观光电梯井　　　　　F. 附墙烟囱

4.《全国统一建筑工程预算工程量计算规则》(GJDGZ 101—1995)规定计算墙体工程量时,应扣除(　　)的体积。

A. 门窗洞口　　　　B. 过人洞　　　　C. 空圈　　　　D. 门窗过梁

E. 构造柱　　　　F. 小于 0.3m^2 的孔洞

5.《全国统一建筑工程预算工程量计算规则》(GJDGZ 101—1995)规定现浇钢筋混凝土(　　)按水平投影面积计算模板工程量。

A. 雨篷　　　　B. 阳台　　　　C. 有梁板

D. 楼梯　　　　E. 墙　　　　F. 台阶

6.《全国统一建筑工程预算工程量计算规则》(GJDGZ 101—1995)规定预制钢筋混凝土(　　)按混凝土实体体积计算模板工程量。

A. 梁　　　　B. 板　　　　C. 柱　　　　D. 桩

7.《全国统一建筑工程预算工程量计算规则》(GJDGZ 101—1995)规定整体面层楼地面均按主墙间净面积以平方米计算,应扣除(　　)等所占面积。

A. 设备基础　　　　B. 室内轨道

C. 0.3m^2 以内的孔洞　　　　D. 间壁墙

8. 按《全国统一建筑工程预算工程量计算规则》(GJDGZ 101—1995)规定,下列陈述正确的是(　　)。

A. 内墙抹灰工程量的面积扣除踢脚板的面积

B. 内墙抹灰工程量的面积扣除门窗洞口所占的面积

C. 内墙抹灰工程量的面积不扣除 0.3m^2 以内的孔洞

D. 墙垛侧壁面积并入内墙抹灰工程量的面积内

9. 按《全国统一建筑工程预算工程量计算规则》(GJDGZ 101—1995)规定,下列陈述正确的是(　　)。

A. 天棚抹灰工程量的面积不扣除墙垛的面积

B. 天棚抹灰工程量的面积不扣除检查口所占的面积

C. 天棚抹灰工程量的面积扣除附墙烟囱

D. 带梁天棚的梁两侧面积并入天棚抹灰工程量的面积内

10. 按《全国统一建筑工程预算工程量计算规则》(GJDGZ 101—1995)规定,下列陈述正确的是(　　)。

A. 外墙抹灰工程量的面积按外墙面的垂直投影面积以平方米计算

B. 外墙抹灰工程量的面积扣除外墙裙的面积

C. 门窗洞侧壁面积并入外墙抹灰工程量的面积内

D. 外墙抹灰工程量的面积不扣除 0.3m^2 以内的孔洞

11. 按《全国统一建筑工程预算工程量计算规则》(GJDGZ 101—1995)规定,下列陈述正确的是(　　)。

A. 墙面勾缝工程量的面积按垂直投影面积计算

B. 墙面勾缝工程量的面积扣除外墙裙的面积

C. 墙面勾缝工程量的面积扣除门窗洞面积

D. 门窗洞口侧壁的面积并入墙面勾缝工程量的面积内

 计算题

某单层小型办公建筑土建工程设计文件和施工条件如下:

(一)设计说明

1. ±0.000 以上墙体,采用 MU10 非承重多孔砖,砖规格为 240mm×180mm×115mm,外墙为 M7.5 混合砂浆;内墙为 M5.0 混合砂浆。±0.000 以下采用普通黏土砖,规格为 240mm×115mm×53mm,砌筑砂浆为 M5 水泥砂浆。

2. 现浇混凝土强度等级:所有柱和梁为 C25 砾石混凝土,其余均为 C20 砾石混凝土。

3. 外墙面工程做法:12mm 厚 1:3 水泥砂浆打底;6mm 厚 1:2 水泥砂浆找平;4mm 厚聚合物水泥砂浆贴外墙白色釉面砖;规格为 50mm×200mm,缝宽 4mm。

4. 地面工程做法:(自下而上)100mm 厚 3:7 灰土;100mm 厚 C15 砾石混凝土垫层;素水泥浆(掺建筑胶)一道;20mm 厚 1:2.5 水泥砂浆压实赶光。台阶为水泥砂浆台阶,包括混凝土部分;散水为混凝土散水:150mm 厚 3:7 灰土(宽面层 300mm)、60mm 厚 C15 混凝土加浆一次抹光。

5. 屋面工程做法:20mm 厚水泥砂浆找平;冷底子油一道;石油沥青两道隔气层;现浇 1:6 水泥焦渣找坡(平均厚度为 80mm);200mm 厚干铺憎水珍珠岩保温层;20mm 厚水泥砂浆找平;3mm 厚(热熔法)APP 卷材一遍防水层;上卷 300mm。

6. 天棚工程做法:素水泥浆(掺建筑胶)一道;5mm 厚 1:3 水泥砂浆;5mm 厚 1:2.5 水泥砂浆;刮腻子,刷乳胶漆三遍。

7. 内墙面工程做法为:10mm 厚 1:3:9 水泥石灰砂浆;6mm 厚 1:3 石灰砂浆;2mm 厚纸筋石灰浆罩面;刮腻子,刷乳胶漆三遍。

8. 门窗明细表如表 8-1 所示。

门 窗 明 细 表　　表 8-1

编　码	门　窗　名　称	洞口尺寸(mm×mm)
C-1	一玻一纱铝合金推拉窗(3mm 玻璃)	1200×1500
C-2	一玻一纱铝合金推拉窗(3mm 玻璃)	1500×1500
C-3	铝合金固定窗 3mm 玻璃	900×1500
M-1	有亮半玻弹簧门 3mm 玻璃	1200×2400
M-2	无亮双面三合板门	900×2100
M-3	无亮双面五合板门	800×2100

(二)施工条件

1. 开挖土方堆放在坑距边 200m 处,地下水位在 -4.0m 处,土方整体开挖,土质符合土方回填的质量标准,不考虑平整场地。

2. 木门框为现场加工,木门扇为市场购买成品。不计算门锁等特殊五金。木门油漆按底油一遍、调和漆两遍计算。

(三)计算内容

按《全国统一建筑工程预算工程量计算规则》(GJDGZ 101—1995)规定计算：

1. 列项目并计算 ±0.000 以下的分部分项工程量。
2. 列项目并计算 ±0.000 以上的砌筑工程量。
3. 列项目并计算混凝土和模板工程量。
4. 计算钢筋混凝土构件的钢筋工程量。
5. 列项目并计算门窗工程量。
6. 计算水泥砂浆地面工程量。
7. 计算外墙饰面工程量。
8. 计算内墙抹灰工程量。
9. 计算天棚抹灰工程量。
10. 计算乳胶漆工程量。
11. 计算卷材防水屋面工程量。
12. 计算屋面保温层工程量。

(四)计算工程的设计图纸

计算工程的设计图纸如图 8-1 ~ 图 8-11 所示。

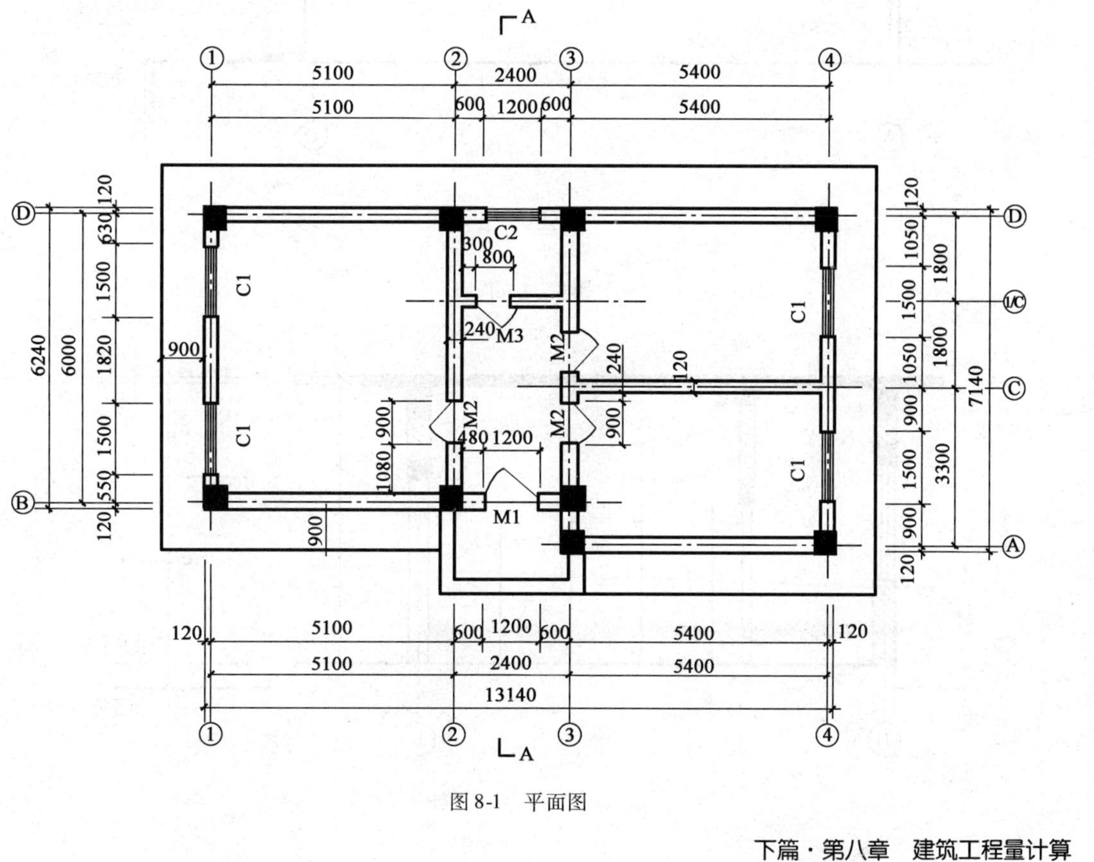

图 8-1　平面图

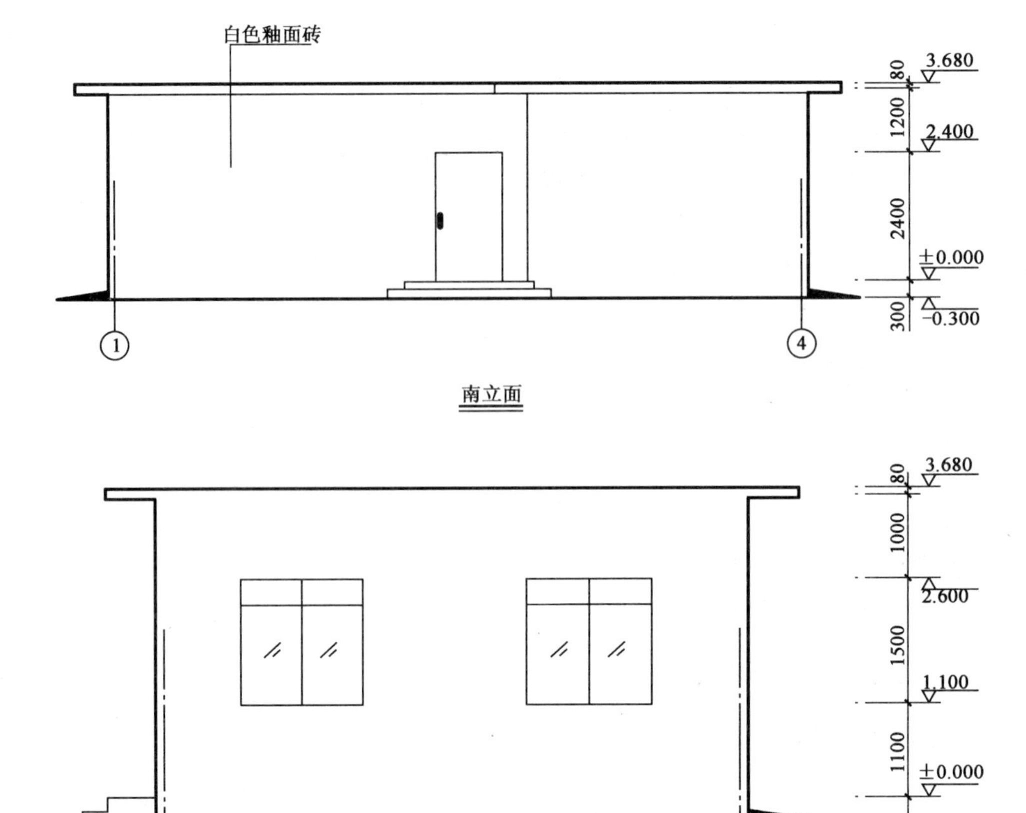

图 8-2　立面图

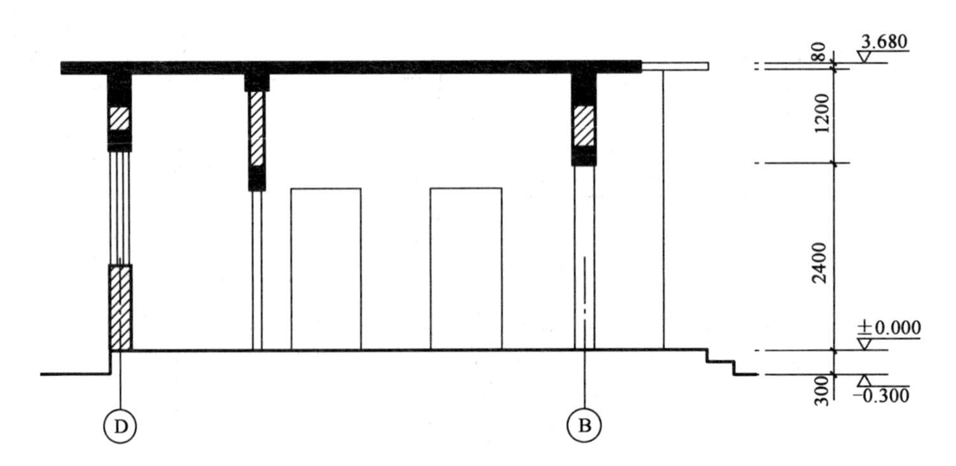

图 8-3　A-A 剖面图

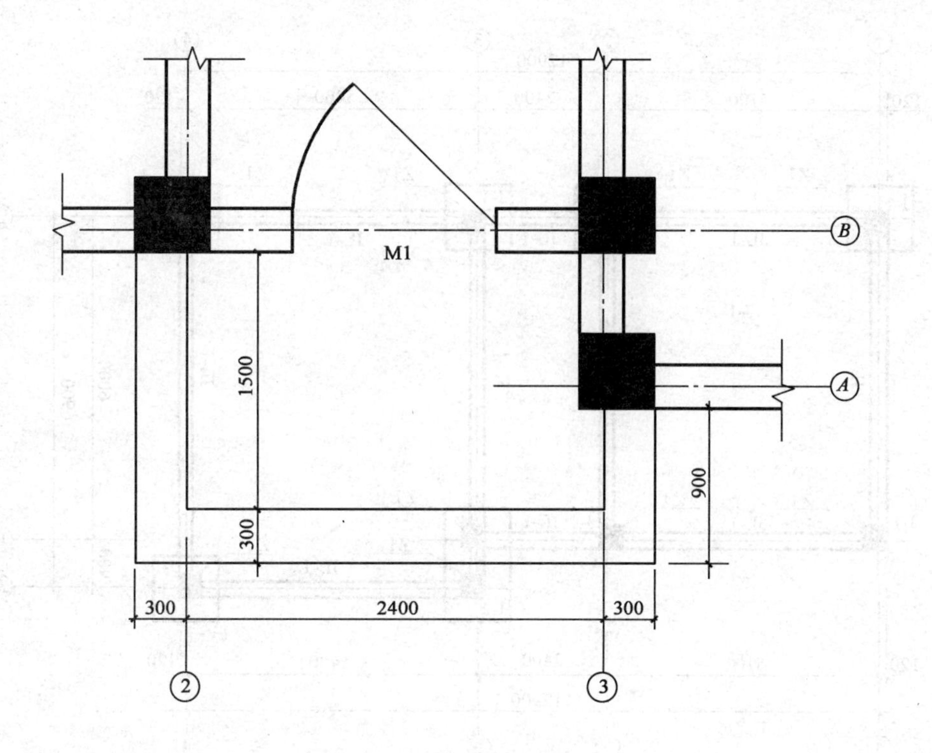

图 8-4　台阶详图

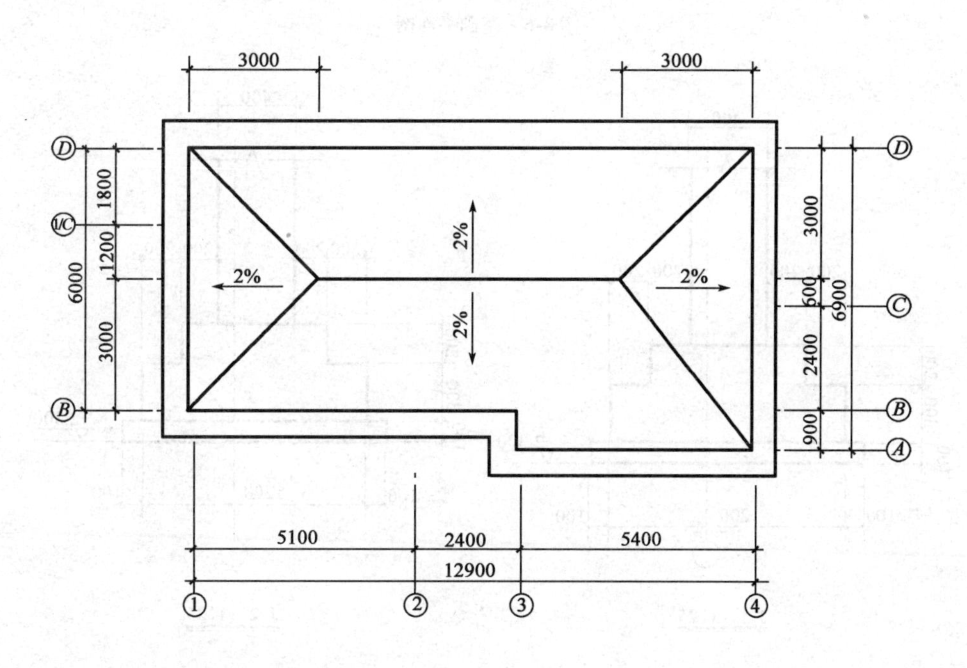

图 8-5　屋顶平面图

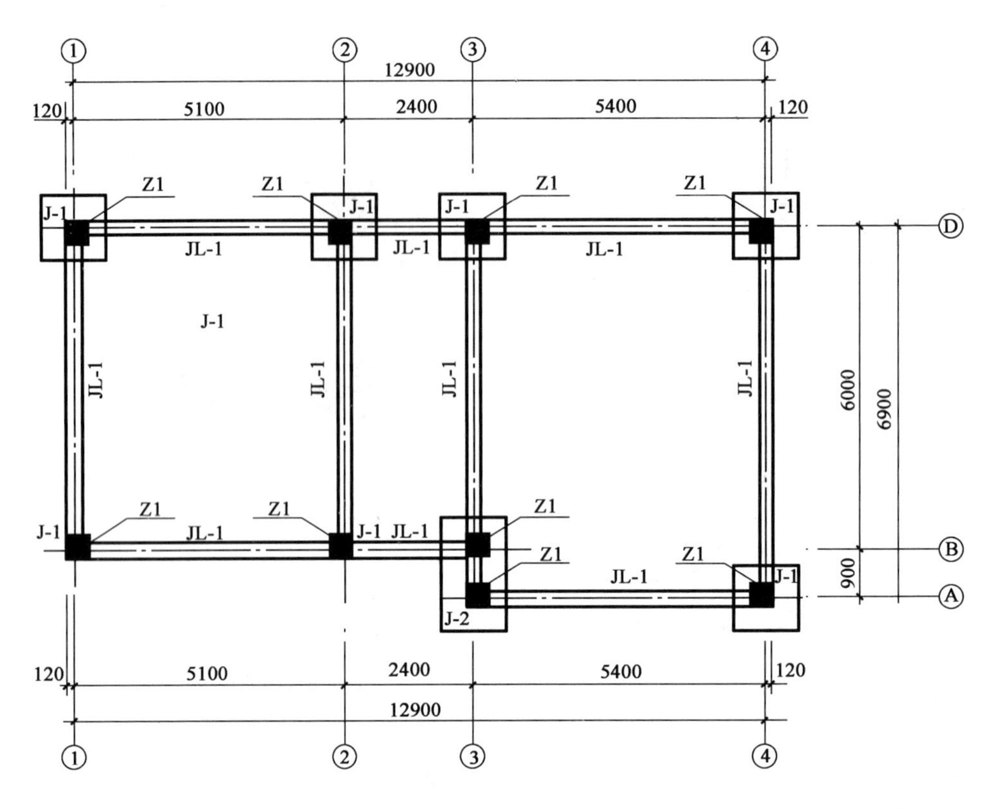

图 8-6　基础平面图

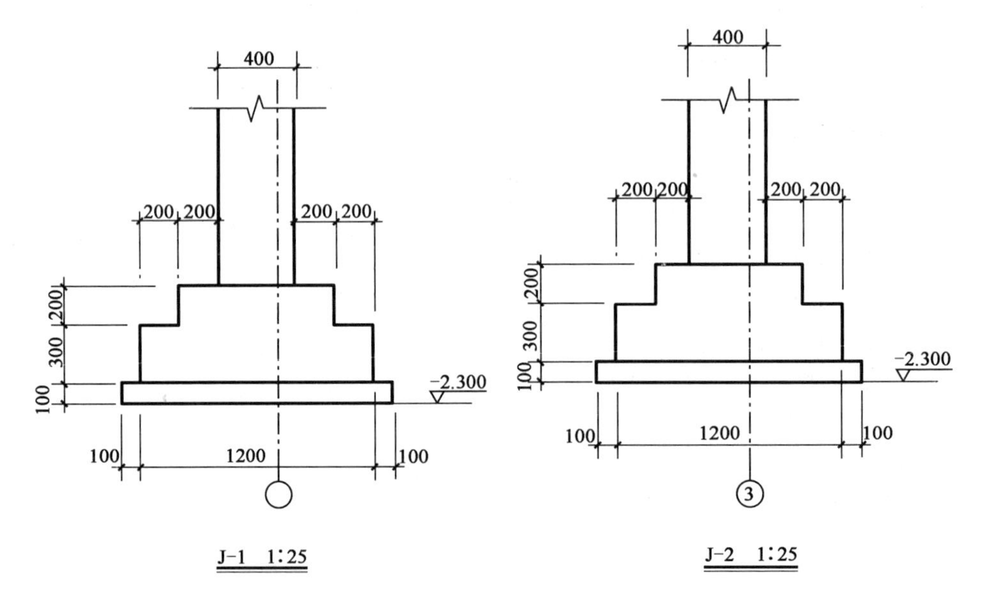

图　8-7

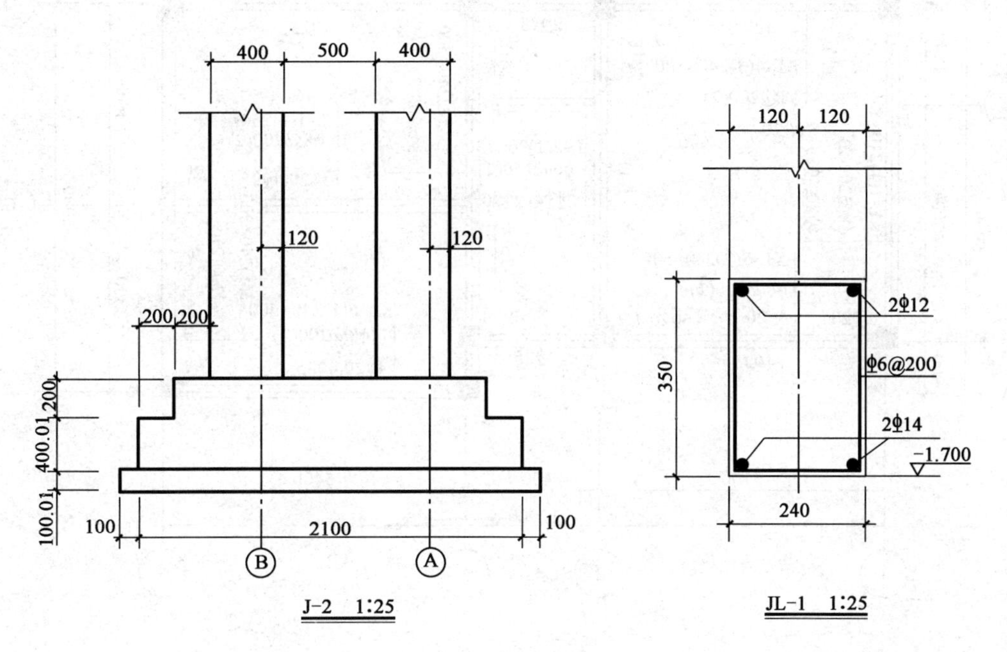

图 8-7 基础大样图

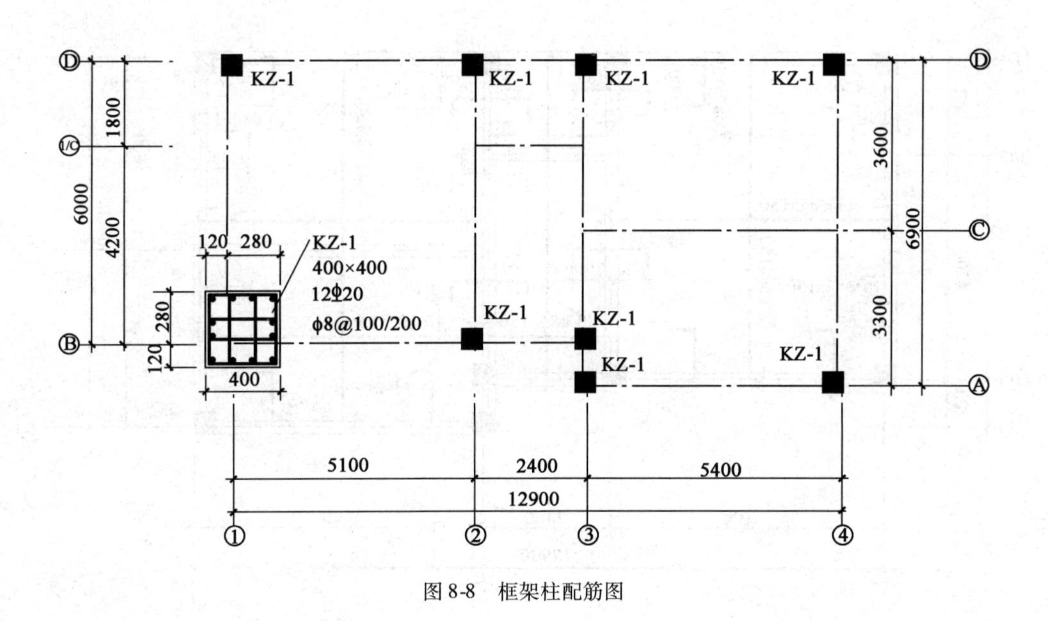

图 8-8 框架柱配筋图

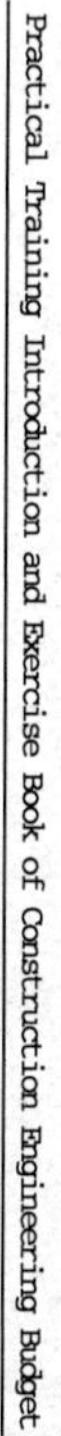

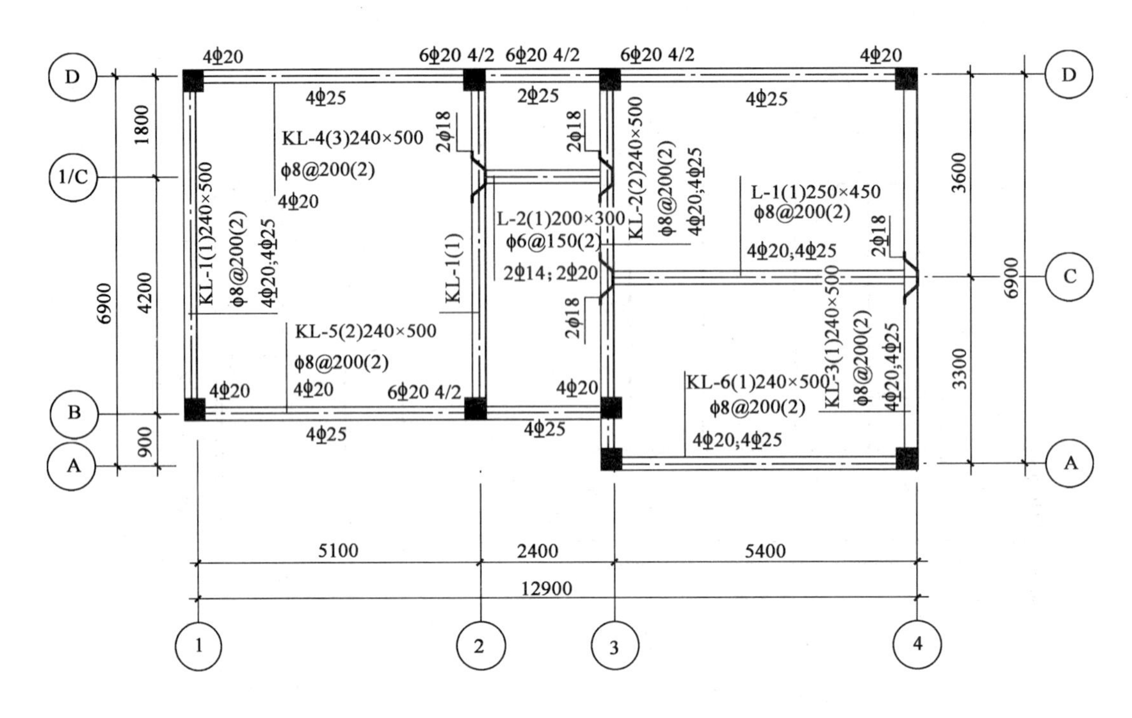

图 8-9　梁配筋图

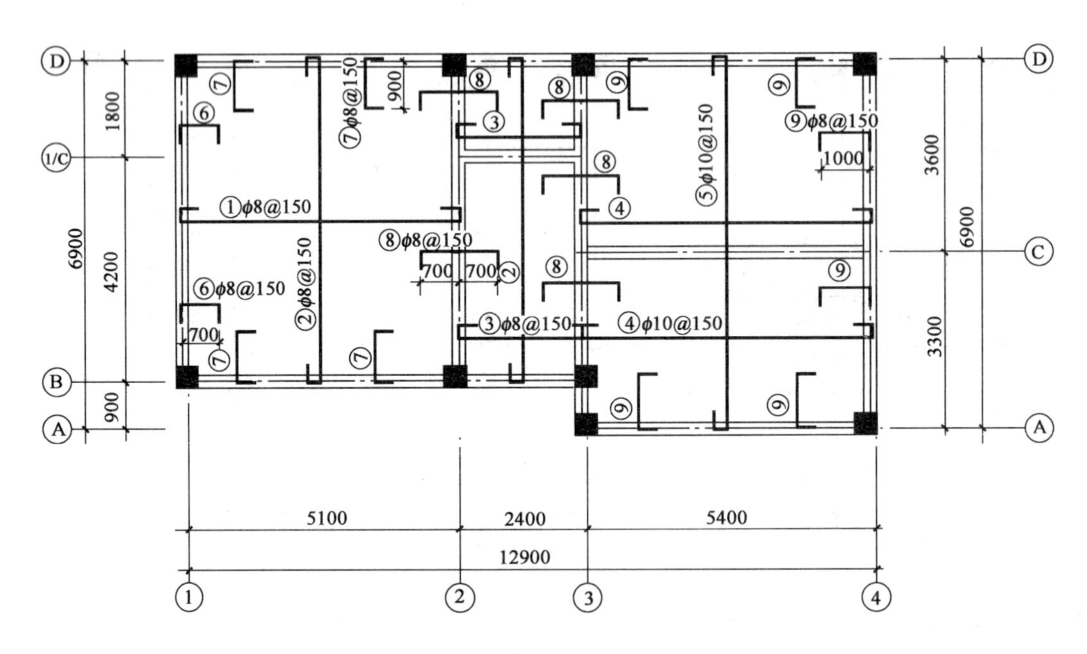

图 8-10　板配筋图

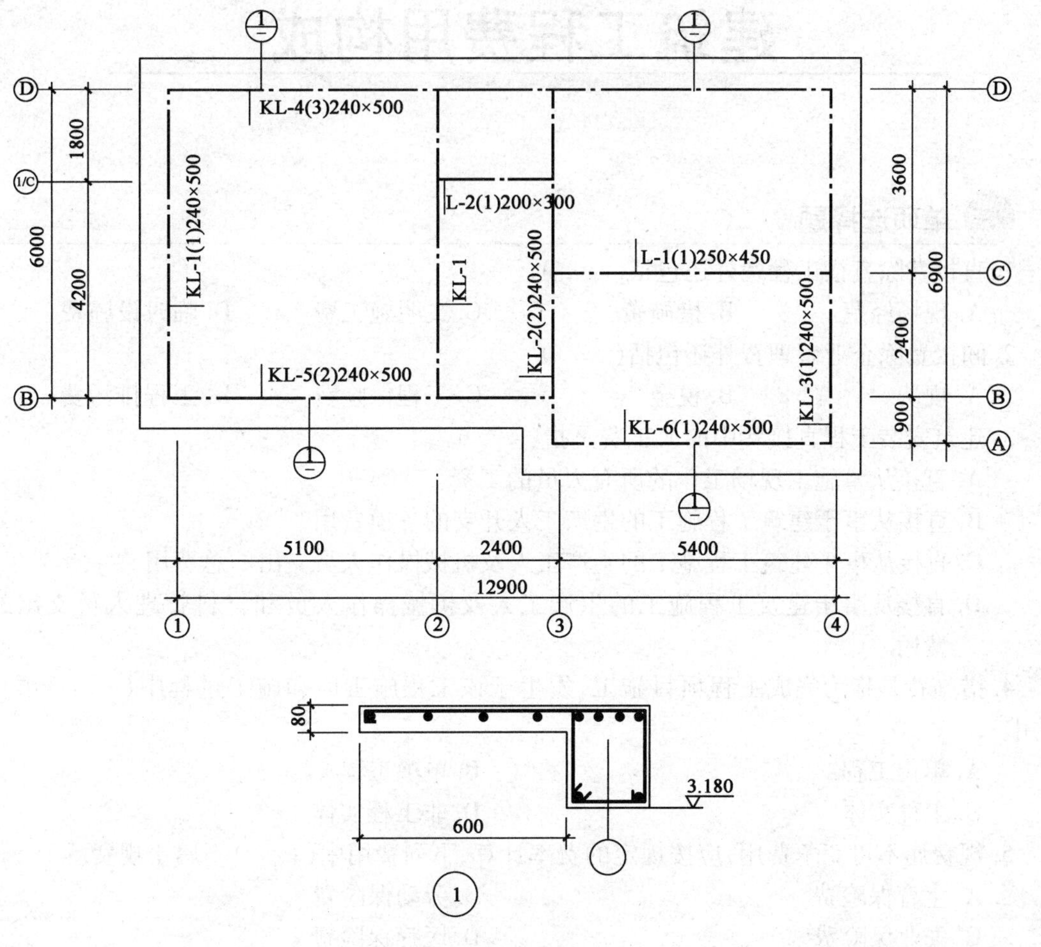
KL-4(3)240×500
KL-1(1)240×500
L-2(1)200×300
KL-1
KL-2(2)240×500
L-1(1)250×450
KL-3(1)240×500
KL-5(2)240×500
KL-6(1)240×500
1800
4200
6000
3600
2400
6900
900
5100
2400
5400
12900
80
600
3.180

图 8-11　屋面结构图

第九章 建筑工程费用构成

一 单项选择题

1. 直接费除直接工程费外还包括(　　)。

A. 现场经费　B. 措施费　C. 文明施工费　D. 临时设施费

2. 间接费除企业管理费外还包括(　　)。

A. 规费　B. 税金　C. 工程保险费　D. 工程排污费

3. 建筑安装工程直接费中的人工费是指(　　)。

A. 直接从事施工现场工作的所有人员的工资

B. 直接从事于建筑工程施工的生产工人开支的各项费用

C. 直接从事于建筑工程施工的生产工人及机械操作人员支出的总费用

D. 直接从事于建筑工程施工的生产工人及机械操作人员和材料管理人员支出的总费用

4. 措施费是指为完成工程项目施工,发生于该工程施工前和施工过程中(　　)项目的费用。

A. 单位工程　B. 单项工程

C. 工程实体　D. 非工程实体

5. 规费属不可竞争费用,应按规定的费率计算,下列费用中(　　)不属于规费。

A. 生育保险费　B. 劳动保险费

C. 失业保险费　D. 医疗保险费

6. 文明施工费属于(　　)。

A. 间接费　B. 规费　C. 措施费　D. 企业管理费

7. 住房公积金是指企业按规定标准为职工缴纳的住房公积金。住房公积金属于(　　)。

A. 直接费　B. 规费　C. 企业管理费　D. 措施费

8. 职工教育经费是指企业为职工学习先进技术和提高文化水平,按职工工资总额计提的费用。职工教育经费金属于(　　)。

A. 直接费　B. 规费　C. 企业管理费　D. 职工福利费

9. 养路费及车船使用税指施工机械按照国家规定和有关部门规定应缴纳的养路费、车船使用税、保险费及年检费等。其属于(　　)。

A. 机械费　　B. 与工程无关费用

C. 企业管理费　　D. 设备购置费

10. (　　)不属于规费中的社会保障费。

A. 养老保险费　　B. 医疗保险费

C. 失业保险费　　D. 住房公积金

11. 工具用具使用费金属于(　　)。

A. 机械费　　B. 固定资产使用费

C. 企业管理费　　D. 设备购置费

12. 管理人员工资是指管理人员的基本工资、工资性补贴、职工福利费、劳动保护费等,其属于(　　)。

A. 直接工程费　　B. 人工费

C. 企业管理费　　D. 现场施工费

13. 利润是指施工企业完成(　　)所获得的建筑产品价格与成本间的差额。

A. 承包工程　　B. 招标工程

C. 投标工程　　D. 再建工程

14. 纳税地点在市区的企业,缴纳税金的税率是(　　)。

A. 3.413%　　B. 3.551%　　C. 3.477%　　D. 3.284%

15. 利润以直接费为计算基础的计算公式是(　　)。

A. (直接费 + 间接费) × 利润率　　B. 直接工程费 × 利润率

C. (直接工程费 + 间接费) × 利润率　　D. 直接费 × 利润率

16. 税金的计算基础是(　　)。

A. 税后造价 + 利润　　B. 税前造价

C. 税后造价　　D. 税前造价 + 利润

17. 西安市某单位拟建职工住宅楼,其税前造价为 150 万元。承包人为陕西省华县建筑公司,你认为该纳税人交纳的税金是(　　)元。

A. 51150　　B. 50251　　C. 48300　　D. 45000

二 多项选择题

1. 下列属于建筑安装工程费用的有(　　)。

A. 直接费　　B. 间接费

C. 设备购置费　　D. 土地使用费

2. 直接工程费是指施工过程中耗费的构成工程实体的各项费用。包括(　　)。

A. 直接费　　B. 人工费

C. 材料费　　D. 施工机械使用费

3. 下列属于直接费中人工费的有(　　)。

A. 基本工资　　B. 辅助工资

C. 工资性补贴　　D. 职工福利费

4. 下列属于直接费中材料费的有(　　)。

A. 材料原价　　B. 采购保管费
C. 检验试验费　　D. 材料二次搬运费

5. 下列属于直接费中机械费的有(　　)。
A. 机上人员工资　　B. 安拆费及场外运输费
C. 车辆保险费　　D. 经常维修费

6. 下列属于措施费用的有(　　)。
A. 工程排污费　　B. 施工排水降水费
C. 二次搬运费　　D. 安全施工费

7. 下列属于间接费的有(　　)。
A. 管理人员工资　　B. 业务招待费
C. 工会经费　　D. 工程保修费

8. 下列属于规费用的有(　　)。
A. 住房公积金　　B. 工程排污费
C. 财产保险费　　D. 环境保护费

9. 下列属于企业管理费用的有(　　)。
A. 教育费附加　　B. 管理人员工资
C. 财务费　　D. 医疗保险费

10. 利润是指施工企业完成所承包工程获得的盈利。其计算方法有(　　)。
A. 以直接费为计算基础　　B. 以直接工程费为计算基础
C. 以人工费为计算基础　　D. 以人工费和机械费合计为计算基础

11. 税金是指国家税法规定的应计入建筑安装工程造价内的(　　)等。
A. 教育费附加　　B. 营业税
C. 房产税　　D. 城市维护建设税

三 问答题

1. 直接工程费中的人工费包含施工单位所有现场工作人员的工资吗?为什么?
2. 企业管理费中所包含的税金与建筑安装工程费的税金一样吗?为什么?
3. 试分析工料单价法和综合单价法的异同。

第十章 施工图预算

一 多项选择题

1. 施工图预算按建设项目组成可分为(　　)。
   A. 单位工程施工图预算　　B. 建设项目总预算
   C. 分部分项工程施工图预算　　D. 单项工程综合预算
2. 施工图预算按专业可分为(　　)等。
   A. 建筑工程预算　　B. 设备购置预算
   C. 园林绿化工程预算　　D. 市政工程预算
3. 施工图预算的作用有(　　)。
   A. 办理工程结算的依据　　B. “两算”对比的依据
   C. 限额领料的依据　　D. 签订工程承包合同的依据
4. 施工图预算不是依据(　　)编制的。
   A. 预算定额　　B. 时间定额　　C. 施工定额　　D. 工序定额
5. 施工企业的“两算”是指(　　)。
   A. 施工预算　　B. 竣工决算　　C. 施工图预算　　D. 工程结算
6. 施工图预算编制方法有(　　)。
   A. 实物金额法　　B. 实物法　　C. 综合单价法　　D. 单价法
7. 施工图预算审核作用有(　　)。
   A. 有利于建筑市场的公平竞争　　B. 有利于促进施工企业提高经营管理水平
   C. 有利于提高投资效益　　D. 有利于维护国家财经纪律,堵塞漏洞
8. 施工图预算审查的内容有(　　)等。
   A. 审查工程量　　B. 审查预算定额
   C. 审查预算单价的套用　　D. 审查计费基础和费率
9. 施工图预算审核的方法有(　　)等。
   A. 全面审查法　　B. 重点抽查法　　C. 分析比较审查法　　D. 筛选审查法
10. 施工图预算编制依据有(　　)。
   A. 会审过的施工图纸　　B. 现行的建筑安装施工定额
   C. 工程施工合同　　D. 施工组织设计

11. 用筛选法审查施工图预算时,一般选用的筛选标准是(　　)等单方基本值。
A. 用工量　B. 材料用量　C. 机械台班用量　D. 工程量
E. 工程造价

12. 采用重点抽查法审查施工图预算,审查的重点有(　　)。
A. 编制依据　B. 工程量大或造价高的工程
C. 结构复杂的工程　D. 单位估价表
E. 计费基础和费率　F. 单方基本值

 问答题

1. 简述单价法施工图预算的编制程序。
2. 简述施工图预算审核内容。
3. 分析各种施工图预算审核的方法特点及适用范围。

第十一章 施工预算

一 单项选择题

1. 施工预算是指在工程(　　),施工企业编制的确定拟建工程所需人工、材料、施工机械数量和费用的技术经济文件,是企业用于(　　)的技术经济文件。

A. 施工后　　内部管理　　B. 施工前　　内部管理

C. 工程招标前　　招标管理　　D. 工程投标前　　投标管理

2. 施工预算是依据(　　)编制的。

A. 预算定额　　B. 时间定额　　C. 施工定额　　D. 消耗定额

3. 既能反映建筑工程的经济效果,又能反映其经济效益的施工预算编制方法是(　　)。

A. 实物法　　B. 工料单价法　　C. 实物金额法　　D. 综合单价法

4. 以实物消耗量反映建筑工程经济效益的施工预算编制方法是(　　)。

A. 工料单价法　　B. 实物法　　C. 综合单价法　　D. 实物金额法

5. “两算”对比是在施工图预算与施工预算编制完毕后(　　)进行。

A. 工程开工后　　B. 工程开工前　　C. 工程完工前　　D. 工程完工后

6. 一般施工预算应低于施工图预算工日数的10% ~15%,这是因为施工定额与预算定额基础不一样。施工图预算定额有10%左右的(　　)。

A. 人工调增值　　B. 机械幅度差　　C. 人工幅度差　　D. 人工调整值

7. 编制(　　)有两种方法,一种叫“实物法”,另一种叫“实物金额法”。

A. 施工图预算　　B. 设计概算　　C. 施工预算　　D. 工程结算

8. 下列关于施工预算说法正确的是(　　)。

A. 施工预算是进行工程结算的依据

B. 预算定额是施工预算的编制依据

C. 施工预算编制人是建设单位

D. 施工预算是加强施工班组经济核算的依据

9. 在编制施工预算时,不包括(　　)。

A. 收集并熟悉施工预算编制资料　　B. 工程量计算

C. 取费确定工程造价　　D. 套施工定额

二 多项选择题

1. 施工预算的作用有(　　)。

A. 是编制施工作业计划的依据

B. 是向施工班组签发工程施工任务单的依据

C. 是工程投标的依据

D. 是进行“两算”对比的依据

E. 是签订工程承包合同的依据

F. 是贯彻按劳分配原则的依据

2. 施工预算与施工图预算的区别是(　　)等不同。

A. 编制依据　　B. 工程量的计算规则

C. 计算的工程项目　　D. 计算范围

3. 编制施工预算有两种方法,分别是(　　)。

A. 实物法　　B. 工料单价法

C. 综合单价法　　D. 实物金额法

4. 编制施工预算时,计算工程量必须遵循的原则是(　　)。

A. 项目划分应与现行施工定额相应项目包括的工程内容一致

B. 计量单位必须与现行施工定额相应项目的计量单位一致

C. 所计算内容必须与设计图纸内容一致

D. 工程量计算方法必须与现行施工定额的计算规则的规定一致

5. 在套施工定额时,经常会遇到定额缺项,可以采取(　　)等方法处理。

A. 参考类似施工定额子目　　B. 概算定额与预算定额结合使用

C. 编制补充定额　　D. 劳动定额与预算定额结合使用

6. “两算”对比的方法有(　　)。

A. 实物量对比法　　B. 定额单价对比法

C. 工料单价对比法　　D. 实物金额对比法

7. 施工预算一般以单位工程为编制对象,其费用计算与施工图预算不同,施工图预算要计算建筑安装工程造价所有费用,而施工预算的费用不包括(　　)。

A. 直接费　　B. 间接费　　C. 利润　　D. 税金

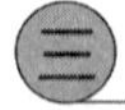

三 问答题

1. 什么是施工预算?其作用是什么?

2. 简述施工预算编制的程序。

3. 施工企业为什么要进行“两算”对比?

第十二章 工程结算

一 单项选择题

1.(　　)是指施工企业对已完工程经有关单位验收后,依据施工图预算造价与合同约定向建设单位办理工程款清算的一项日常性工作。

A. 施工图预算　　B. 施工预算　　C. 工程结算　　D. 工程概算

2.(　　)是指施工单位在所承包的工程按照合同规定的内容全部完工并经建设单位及有关部门验收点交后,由施工单位编制并经建设单位审核签认,最后一次向建设单位办理工程款结算的文件。

A. 施工图预算　　B. 施工预算

C. 工程结算　　D. 竣工结算

3. 从事工程结算,应当遵循(　　)的原则,并符合国家有关法律、法规和政策。

A. 合理、平等、真诚　　B. 合法、公平、真诚

C. 合理、公平、诚信　　D. 合法、平等、诚信

4. 对承包人超出设计图纸范围和因承包人原因造成返工的工程量,发包人(　　)。

A. 按实际计量　　B. 按图纸计量

C. 不予计量　　D. 双方协商计量

5. 发包人超过约定的支付时间不支付工程进度款,经双方协商承包人同意签订延期付款协议,协议应明确延期支付的时间,从工程计量结果确认后(　　)起计算应付款的利息。

A. 第 12 天　　B. 第 15 天　　C. 第 14 天　　D. 第 7 天

6. 发包人根据确认的竣工结算报告向承包人支付工程竣工结算价款,保留(　　)左右的质量保修金,待工程交付使用一年质保期到期后清算(合同另有约定的,按合同约定执行)。

A. 15%　　B. 5%　　C. 7.5%　　D. 20%

7. 发包人要求承包人完成合同以外零星项目,承包人应在接受发包人要求的 7 天内就用工数量和单价、机械台班数量和单价、使用材料和金额等向发包人提出(　　),如发包人未办理,承包人施工后发生争议,责任由承包人自负。

A. 结算签证　　B. 技术签证　　C. 施工签证　　D. 预算签证

8. 工程竣工结算报告金额在 500 万 ~ 2000 万元之间,工程竣工结算审查期限是:从接到竣工结算报告和完整的竣工结算资料之日起(　　)。

A. 20 天　　B. 30 天　　C. 45 天　　D. 60 天

9. (　　)是指施工单位承包工程组织施工时,为了保证施工的顺利进行,提前储备材料和订购配件所需要的一定数额的预付资金。

A. 基本预备费　　B. 涨价预备费　　C. 工程备料款　　D. 保证金

10. 工程备料款额度由各地区按工程类别、施工期限、建筑材料和构件生产供应情况统一测定。土建工程通常取当年工作量的(　　)。

A. 10% ~40%　　B. 20% ~50%　　C. 5% ~35%　　D. 20% ~30%

11. 确定工程备料款数额最常用的方法是(　　)。

A. 影响因素法　　B. 动态系数法　　C. 额度系数法　　D. 类推比较法

12. 工程备料款起扣点最常用的确定方法是(　　)。

A. 动态起扣点　　B. 工作量百分比起扣点

C. 累计工作量起扣点　　D. 固定额度起扣点

13. 应扣工程备料款的数额的最常用的确定方法是(　　)。

A. 动态扣还法　　B. 一次扣还工程备料款法

C. 分次扣还法　　D. 静态扣还法

14. 某工程承包合同价为 1200 万元,预付备料款 25%,材料费占工程总造价的 60%,预付备料款和预付备料款的起扣各为(　　)万元。

A. 300 和 720　　B. 300 和 700　　C. 200 和 720　　D. 200 和 700

二　多项选择题

1. 工程结算在实际工作中通常称为工程价款结算,工程结算包括(　　)等。

A. 工程进度款结算　　B. 预收工程备料款结算

C. 竣工结算　　D. 竣工决算

2. 工程竣工结算可分为(　　)。

A. 分部工程竣工结算　　B. 单位工程竣工结算

C. 单项工程竣工结算　　D. 建设项目竣工总结算

3. 工程结算对于建筑施工单位和建设单位均具有重要的意义,其主要作用有(　　)。

A. 是统计施工单位完成生产计划和建设单位完成建设任务的依据

B. 办理完竣工结算,标志着双方所承担工程施工合同的所有义务和责任的完全结束

C. 是建设单位确定工程实际建设投资数额,编制竣工决算的主要依据

D. 是施工单位内部进行成本核算,确定工程实际成本的重要依据

4. 工程进度款结算的方式有(　　)。

A. 按月结算　　B. 按周结算　　C. 竣工后一次结算　　D. 分段结算

5. 确定工程备料款数额的方法一般有(　　)。

A. 动态系数法　　B. 影响因素法　　C. 类推比较法　　D. 额度系数法

6. 工程备料款起扣点的确定方法有(　　)。

A. 累计工作量起扣点　　B. 额度系数起扣点

C. 动态起扣点　　D. 工作量百分比起扣点

7. 应扣工程备料款的数额的确定方法有(　　)。

A. 累计工作量扣还法　　B. 一次扣还工程备料款法

C. 分次扣还法　　D. 动态扣还法

 计算题

某工程承包合同价为1200万元,预付备料款20%,材料费占工程造价的60%,每月实际完成的工作量及合同调整额如表12-1所示,合同约定合同调整额竣工结算时结算,工程保修金额为最终工程合同总价的5%。计算:预付备料款、每月结算工程款及竣工结算时应结算的工程款总金额。

每月实际完成的工作量及合同调整额　　表12-1

月份	7月	8月	9月	10月	合同价调整额
完成工作量(万元)	160	360	480	200	80

第十三章 工程量清单计价原理

一 单项选择题

1. 工程量清单应由(　　)编制。

A. 具有编制招标文件能力的招标人　　B. 具有编制投标文件能力的投标人

C. 中介机构　　D. 具有编制能力的投标人和招标人

2. 某拟建工程工程量清单项目编码编制正确的是(　　)。

A. 010401004001　　B. 010401004　　C. 010401004-001　　D. -010401004001

3. 分部分项工程量清单的项目编码前(　　)位是统一编码。

A. 6　　B. 10　　C. 9　　D. 12

4. 分部分项工程量清单项目编码用(　　)阿拉伯数字表示。

A. 九位　　B. 十五位　　C. 十二位　　D. 十位

5. 措施项目清单由编制人根据拟建工程的特征,施工现场条件和环境,工程所在地一般施工单位该类工程(　　)等因素编制。

A. 独特的施工方法　　B. 先进的施工方法

C. 常规的施工方法　　D. 专业的施工技术

6. 其他项目是指除分部分项工程量清单项目和措施项目清单的项目以外,为完成工程施工(　　)费用的项目。

A. 不可能发生　　B. 可能发生　　C. 必须发生　　D. 已经发生

7. 其他项目清单应根据拟建工程具体情况编制,参照其他项目清单的内容列项。若出现其他项目清单内容中没有的项目,编制人可以补充。工程招投标时,投标人调整补充其他项目必须在(　　)中标明。

A. 招标文件　　B. 工程签证　　C. 施工合同　　D. 投标文件

8. 工程量清单计价是指按照建设工程工程量清单计价规范的规定,依照工程量清单和(　　)对建设工程进行计价的活动。

A. 实物单价法　　B. 完全单价法　　C. 工料单价法　　D. 综合单价法

9. 工程量清单计价的费用是指按招标文件规定,完成(　　)的全部费用。

A. 工程量清单所列项目　　B. 分部分项工程量清单所列项目

C. 单项工程量清单所列项目　　D. 单位工程量清单所列项目

10. 工程量清单计价活动应遵循(　　)的原则,应符合国家及地区有关法律、法规、标准、规范及规范性文件的规定。

A. 公开、公平、公正　　B. 客观、公开、公正

C. 客观、公平、公正　　D. 客观、公平、公开

11. 在建设工程工程量清单计价模式中,分部分项工程量清单项目的综合单价由(　　)自主报价,并为此承担风险。

A. 招标人　　B. 投标人　　C. 招标人和投标人　　D. 监理单位

12. 工程量清单漏项或设计变更引起新的工程量清单项目,其相关综合单价由(　　)提出,经确认后作为结算的依据。

A. 承包人　　B. 发包人　　C. 监理单位　　D. 建设单位

13. 工程量清单计价以综合单价计价,投标报价时,人工费、材料费、机械费均为(　　)。

A. 参考价格　　B. 预算价格　　C. 市场价格　　D. 考虑风险后价格

14. 规费属不可竞争费用,应按规定的费率计算,下列费用中(　　)不属于规费。

A. 住房公积金　　B. 财产保险费　　C. 失业保险费　　D. 医疗保险费

15. 工程量清单是工程计价的依据,工程招标时是(　　)的组成部分。

A. 工程报价　　B. 工程标底　　C. 投标文件　　D. 招标文件

16. (　　)是指完成工程量清单中一个规定计量单位项目所需的人工费、材料费和机械使用费、管理费和利润,并可以考虑风险因素。

A. 定额单价　　B. 完全单价　　C. 综合单价　　D. 工料单价

17. 完全单价也称全费用单价,其费用组成是在(　　)基础上,再计入规费和税金。

A. 定额单价　　B. 综合单价　　C. 工料单价　　D. 定额基价

18. 投标人在措施项目费计算时,可根据施工组织设计采取的具体措施,在招标人提供的措施项目清单基础上增减措施项目。一般对(　　)的措施不进行报价。

A. 措施项目清单中列出而实际采用　　B. 措施项目清单中未列出而实际采用

C. 措施项目清单中不确定　　D. 措施项目清单中列出而实际未采用

19. 工程量清单计价中不属于措施项目费用的是(　　)。

A. 二次搬运费　　B. 技术开发费

C. 施工排水、降水费　　D. 夜间施工费

20. 在编制工程量清单计价文件时,综合单价应按计价规则的规定和程序组价,其中一般土建工程利润的计算基础是(　　)。

A. 直接费　　B. 直接工程费

C. 直接工程费 + 管理费　　D. 分部分项工程费用

21. 编制分部分项工程量清单时,对于项目特征和工程内容不同的,(　　)相应的分部分项工程量清单项目。

A. 由清单编制人自主编制　　B. 不分别编制

C. 由清单计价人自主编制　　D. 应分别编制

22. 工程量清单漏项、设计变更引起新增工程量清单项目(　　)进行工程价款结算。

A. 应给承包人　　B. 不应给承包人

C. 应给招标人　　D. 不应给招标人

23. 实行工程量清单计价,体现的是风险分担的原则,(　　)明确风险的范围和费用。

A. 报价人　　B. 招标人　　C. 投标人　　D. 法人

24. 某一建筑工程为"矩形"平面,其外墙外边线分别为51.12m和12.12m。则按《建设工程工程量清单计价规范》(GB 50500—2013)的工程量计算规则,该建筑工程平整场地的工程量应为(　　)。

A. 619.57m^2　　B. 888.53m^2　　C. 1035.01m^2　　D. 952.33m^2

25. 某六层砖混结构住宅楼,每层结构外围水平面积800m^2,每层封闭阳台的水平投影面积20.00m^2,底层阳台为落地阳台,雨篷共计3个,雨篷长2.84m,挑出宽度为1.5m,屋面有维护结构水箱间面积25.00m^2。该工程的建筑面积为(　　)m^2。该工程平整场地工程量清单项目工程量为(　　)m^2。

A. 4866.39　832.78　　B. 4885.00　820.00

C. 4932.78　812.78　　D. 4945.00　800.00

26. 某工程独立基础共10个,基础底面积为1500mm×1500mm,基础垫层每边宽出基础100mm,室外地坪标高为-0.3m,基础垫层底标高为-2.1m。则工程量清单项目挖基础土方工程量是(　　)m^2。

A. 47.25　　B. 52.02　　C. 40.50　　D. 53.76

27. 某工程钻孔灌注桩共100根,设计桩长11.5m,桩直径为500mm。则工程量清单项目钻孔灌注桩和预算定额项目钻孔灌注桩工程量各是(　　)。

A. 100根　225.80m^3　　B. 1175.00m^2　230.71m^3

C. 100根　230.71m^3　　D. 1150.00m^2　235.62m^3

28. 在建筑工程量清单计算中各种门窗工程量的计量单位是(　　)。

A. 立方米　　B. 樘　　C. 榀　　D. 套

二 多项选择题

1. 工程量清单是指表现拟建工程的(　　)、规费项目和税金项目的名称和相应数量的明细清单。

A. 其他项目　　B. 暂列金额

C. 分部分项工程项目　　D. 措施项目

2. 下列关于工程量清单描述正确的有(　　)。

A. 在工程招投标时,工程量清单是招标文件的组成部分

B. 工程量清单应由具有编制投标文件能力的投标人编制

C. 在签订建筑工程施工合同时,工程量清单是建筑工程施工合同的组成部分

D. 工程量清单应由受投标人委托且具有相应资质的中介机构进行编制

3. 编制"分部分项工程量清单项目"应根据项目名称和项目特征并结合拟建工程的实际情况确定。项目特征是指项目实体名称、型号、质量、(　　)等自身的本质特征。

A. 规格　　B. 材质　　C. 工程内容　　D. 连接形式

4. 下列项目中哪些属于工程量清单中的"措施项目"的内容(　　)。

A. 混凝土模板及支架　　B. 工程排污费

C. 大型机械安拆及进出场　　D. 冬雨季施工费

5. 工程量清单计价文件按不同用途分为(　　)。

A. 施工预算　　B. 工程结算

C. 招标控制价　　D. 投标报价

6. 工程量清单计价的费用是指按招标文件规定,完成工程量清单所列项目的全部费用,包括(　　)等。

A. 分部分项工程费　　B. 分部工程费

C. 措施项目费　　D. 规费和税金

7. 工程量清单计价文件应由(　　)完成。

A. 具有建设项目管理能力的招标人　　B. 具有建设项目管理能力的投标人

C. 具有相应资质的中介机构　　D. 建设项目的建设单位

8. 因为工程量清单的工程量数据有误或设计变更引起的工程量增减,结算时计价规则规定的处置的方法有(　　)。

A. 属合同约定幅度以内的,执行原合同确定的综合单价

B. 属合同约定幅度以外的增加部分工程量的综合单价,由承发包双方协商确认后作为结算的依据

C. 工程量增减部分的综合单价由承包人提出,经发包人确认后作为结算的依据

D. 属合同约定幅度以外的减少后剩余工程量的综合单价,由承发包双方协商确定

9. 措施清单项目单价的计算方法有(　　)。

A. 按费用定额的计费基础和费率计算

B. 按其他项目清单的费用计算方法计算

C. 与分部分项工程量清单项目的综合单价计算方法相同

D. 与材料暂估价的计算方法相同

E. 与暂列金额的计算方法相同

F. 与税金的计算方法相同

10. 下列费用中,属于工程量清单中措施项目清单内容的有(　　)。

A. 垂直运输费　　B. 暂列金额

C. 混凝土的模板及支撑费　　D. 安全文明施工费

11. 工程量清单计价就其计价的内容而言,包括(　　)。

A. 分部分项工程费用　　B. 措施项目费用和其他项目费用

C. 规费和税金　　D. 专业工程暂估价

12. (　　)属于工程量清单计价中的其他项目费。

A. 暂列金额　　B. 暂估价　　C. 总承包服务费　　D. 计日工

13. 工程量清单应依据(　　)进行编制。招标人应对工程量清单的完整、准确、规范负责。

A. 相关价格信息

B.《建设工程工程量清单计价规范》(GB 50500—2013)

C. 常规施工方法

D. 施工图纸

14. 关于建筑工程的混凝土及钢筋混凝土清单工程量计算,正确的论述有(　　)。

A. 现浇钢筋混凝土基础按设计图示尺寸以体积计算

B. 现浇钢筋混凝土梁按设计图示尺寸以体积计算

C. 现浇钢筋混凝土楼梯按设计图示尺寸以体积计算

D. 现浇混凝土散水按设计图示尺寸以体积计算

E. 预制钢筋混凝土楼梯按设计图示尺寸以面积计算

F. 预制钢筋混凝土平板按设计图示尺寸以体积计算

15. 工程量计量单位中属于物理计量单位的是(　　)。

A. 樘　　B. 面积　　C. 体积　　D. 重量　　E. 榀

三 计算题

已知:某工程地基处理为1000根2∶8灰土挤密桩,设计图示桩长为6.5m,桩直径为400mm,分部分项工程量清单如表13-1所示。试计算该项目投标单位的综合单价及合价。人、材、机价格均同计算者所在地区建筑装饰工程价目表中定额基价的价格。预测在施工期间,全部材料价格能上涨5%。

分部分项工程量清单计价表　　　表13-1

项目编号	项 目 名 称	计量单位	工程数量	综合单价(元)	合价(元)
010202002001	灰土挤密桩 土壤级别:一二类土壤 设计桩长:6.5m 桩直径:400mm 成孔方法:冲击成孔 灰土级配:2∶8灰土回填夯实	m	6500.00		

四 综合计算题

(一)给定条件

1. 根据《建设工程工程量清单计价规范》(GB 50500—2013)、《房屋建筑与装饰工程工程量计算规范》(GB 50854—2013)、计算者所在地现行的建筑装饰工程消耗量定额及配套的建筑装饰工程价目表、计算者所在地现行的参考费用定额。

2. 设计室内外高差30cm,平整场地、基础土方工程施工均由工程承包方完成,所开挖的土方符合回填土的施工质量要求。施工场地为三类土;场内倒运土距离在100m以内;余土外运或外购土运距为8km。

3. ±0.000以上的内、外墙均采用KP1承重多孔砖，砖规格为240mm×115mm×90mm，外墙为M7.5混合砂浆，内墙为M5.0混合砂浆。女儿墙采用标准砖，砌筑砂浆采用M7.5混合砂浆，女儿墙无压顶。120mm厚（半砖）墙采用标准砖，砌筑砂浆采用M5混合砂浆，无基础。图中未注明的墙厚均为240mm。±0.000以下的砖基础采用标准砖，砌筑砂浆采用M5水泥砂浆。

4. 现浇钢筋混凝土构件的混凝土强度等级：有梁板为C25砾石混凝土（32.5级水泥），其余均为C20砾石混凝土（32.5级水泥）。钢筋只计算L-1梁、基础圈梁、屋盖圈梁三个构件的钢筋工程量，其余均不计算。构造柱图示断面为净断面，构造柱与墙体咬合留有马牙槎，马牙槎宽60mm，女儿墙部分无构造柱，构造柱生根于基础圈梁。

5. 地面工程做法：（自下而上）100mm厚3:7灰土；60mm厚C15砾石混凝土垫层；素水泥浆（掺建筑胶）一道；20mm厚1:2.5水泥砂浆压实赶光。

6. 台阶做法：（自下而上）素土回填；60mm厚C15砾石混凝土垫层；素水泥浆（掺建筑胶）一道；20mm厚1:2.5水泥砂浆压实赶光。

7. 散水做法：150mm厚3:7灰土（宽面层300mm）；60mm厚C15混凝土加浆一次抹光。

8. 屋面工程做法：20mm厚水泥砂浆找平层；冷底子油一道；石油沥青两道隔气层；现浇1:6水泥焦渣找坡层（平均厚度为80mm）；200mm厚干铺憎水珍珠岩保温层；20mm厚水泥砂浆找平层；3mm厚（热熔法）APP卷材一遍防水层，上卷300mm。

9. 水落管共4根，为直径200mm的PVC管材。

10. 天棚工程做法：素水泥浆（掺建筑胶）一道；5mm厚1:3水泥砂浆；5mm厚1:2.5水泥砂浆；刮腻子；刷乳胶漆三遍。

11. 内墙面工程做法：10mm厚1:3:9水泥石灰砂浆；6mm厚1:3石灰砂浆；2mm厚纸筋石灰浆罩面；刮腻子，刷乳胶漆三遍。

12. 外墙面工程做法：12mm厚1:3水泥砂浆打底；6mm厚1:2水泥砂浆；4mm厚聚合物水泥砂浆；贴100mm×200mm釉面砖（缝宽4mm）。

13. 所有门均为市场购买成品，单价为三合板门800元/樘，防盗门1800元/樘。

14. 钢筋理论重量：

ϕ20为2.47kg/m；ϕ14为1.21kg/m；ϕ12为0.888kg/m；ϕ6为0.222kg/m。钢筋保护层为25mm。

15. 门窗材质及尺寸如表13-2所示。

门　窗　表　　　　表13-2

名　称	洞口尺寸（mm×mm）	数量（樘）	类　别
CL-1	1200×1500	2	塑钢推拉窗、带纱
CL-2	1500×1500	2	塑钢推拉窗、带纱
M-1	900×2100	4	无亮双面夹板门（三合板）
M-2	1200×2400	1	防盗门

16. 除表13-3材料之外，其余均同计算者所在地建筑装饰工程价目表中的价格。

材料市场价格表 表 13-3

序号	材料名称	材料规格	计量单位	市场价格(元)	备注
1	钢筋	不分规格	t	4500	
2	规格材	其他用	m^3	1800	
3	乳胶漆		kg	16	
4	石油沥青 30 号		t	3600	
5	APP 卷材		m^2	25	

(二)计算

计算工程设计图纸如图 13-1 ~ 图 13-5 所示。

1. 完成单层砖混结构医务所的建筑和装饰工程分部分项工程量清单编制,只要分部分项工程量清单内容完整,可以编制单项分部分项工程量清单,也可以编制综合项分部分项工程量清单。完成项目编码、项目名称、项目特征、计量单位、工程数量(工程数量计算要有计算过程)等工作内容,并将结果填入表 13-4 中。

2. 完成表 13-5 给定的分部分项工程量清单计价工作,并将计价过程填写在表 13-6 及表 13-5中。

3. 依据计算题第 1 题完成的单层砖混结构医务所的建筑和装饰工程分部分项工程量清单、编制者所在地区的建筑装饰工程预算定额及配套的价目表、费率定额等资料,分析计算该工程建筑、装饰工程分部分项工程费(预计未来钢材、木材在表 13-3 的价格基础上 ±5% 以内波动)。

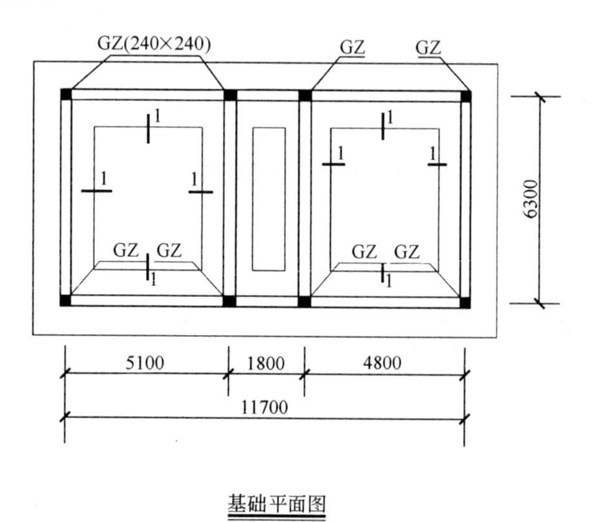

图 13-1 基础图

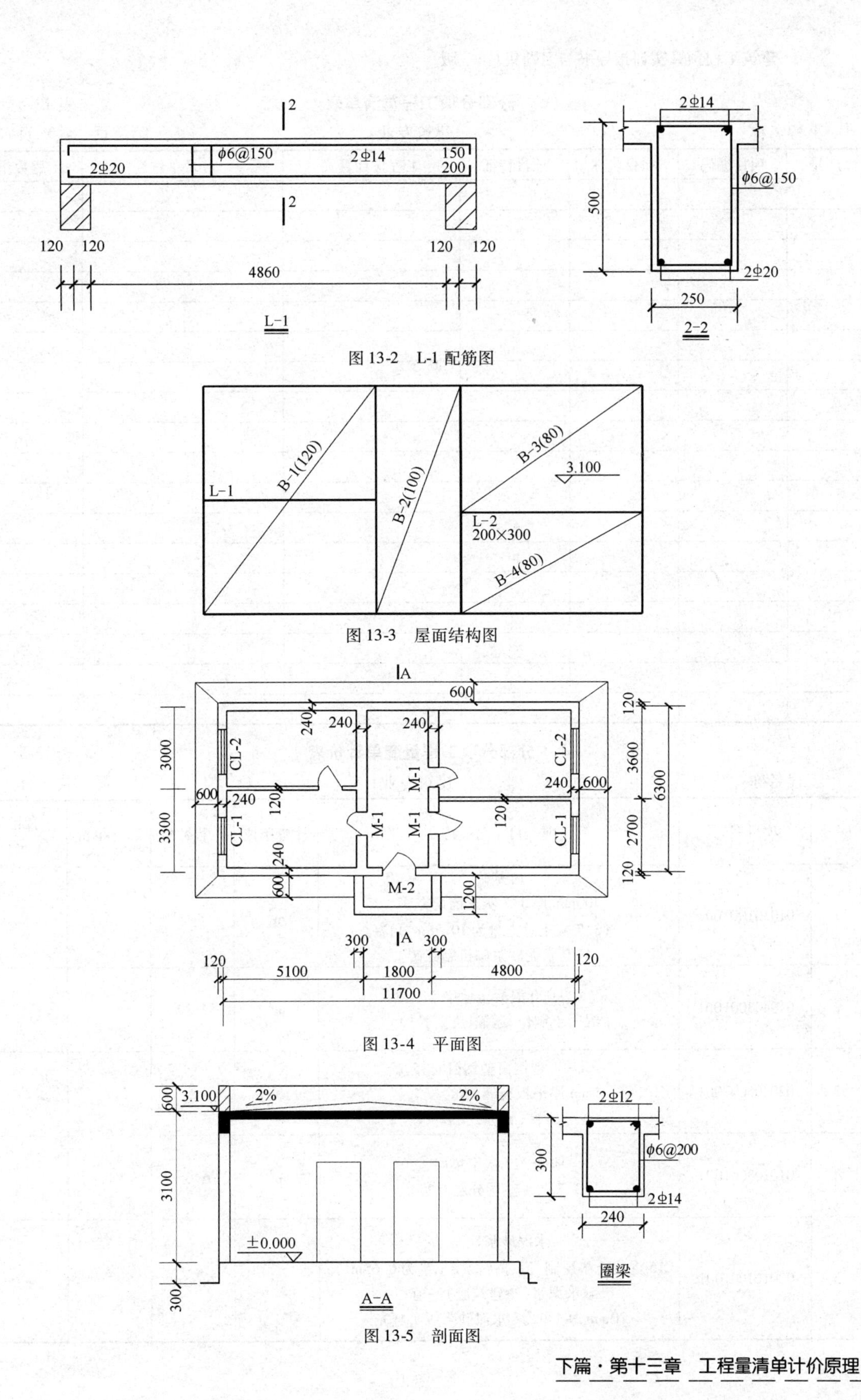

图 13-2　L-1 配筋图

图 13-3　屋面结构图

图 13-4　平面图

图 13-5　剖面图

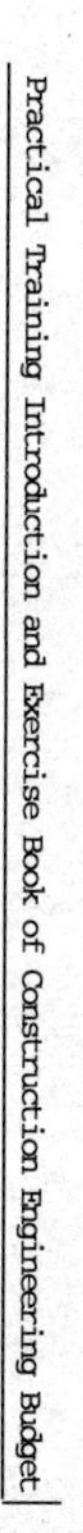

分部分项工程量清单表

表 13-4

工程名称: 建筑专业: 第 页 共 页

序号	项目编码	项目名称	项目特征	工程量计算式	计量单位	工程数量

分部分项工程量清单计价表

表 13-5

工程名称: 建筑专业: 第 页 共 页

序号	项目编码	项 目 名 称	计量单位	工程数量	综合单价	合价(元)
1	010301001001	砖基础 300mm 厚 3:7 灰土铺设夯实 (3:7 灰土总方量为 10.58m^3); M10 水泥砂浆砌机制红砖	m^3	18.99		
2	010403001001	C20 混凝土地梁 混凝土制作、运输、浇捣养护	m^3	2.89		
3	020406007001	CL-1 塑钢窗塑钢窗安装; 5mm 厚平板玻璃、五金安装; 纱窗(含纱)安装	樘	2		
4	010103001001	地面 3:7 灰土垫层 3:7 灰土垫层分层夯实	m^3	6.65		
5	020101001001	水泥砂浆地面 C15 混凝土垫层制、运、捣(混凝土量为 6.65m^3); 素水泥浆(掺建筑胶)一道; 20mm 厚 1:1.25 水泥砂浆压实赶光	m^2	66.54		

续上表

序号	项目编码	项目名称	计量单位	工程数量	综合单价	合价(元)
6	010306001001	混凝土散水 150mm 厚 3:7 灰土(宽面层 300mm); 60mm 厚 C15 混凝土、加浆一次抹光	m^2	36.96		
7	010702001001	屋面防水层 20mm 厚水泥砂浆找平层; 3mm 厚(热熔法)APP 卷材一遍防水层	m^2	99.11		
8	010803001001	屋面找坡、隔气层 20mm 厚水泥砂浆找平层; 冷底子油一道、热沥青两道隔气层; 现浇 1:6 水泥焦渣找坡(平均厚度为 80mm)	m^2	69.45		
9	020301001001	天棚抹灰 素水泥浆(掺建筑胶)一道; 5mm 厚 1:3 水泥砂浆; 5mm 厚 1:1.25 水泥砂浆、刮腻子、刷乳胶漆三遍	m^2	71.11		
10	010416001001	现浇混凝土钢筋 ϕ10 以上螺纹钢筋制作、现场内运输、安装	t	2.354		

工程量清单综合单价分析表 表 13-6

工程名称: 标段: 第 页 共 页

序号	项目编号	项目名称	计量单位	工程数量	综合单价组成						综合单价
					人工费	材料费	机械费	风险费	管理费	利润	

习题集参考答案

第六章 建筑工程预算概述

一、单项选择题

1. C　2. C　3. A　4. B　5. C　6. B　7. C　8. B　9. C　10. C
11. D　12. B　13. C　14. D　15. C

二、多项选择题

1. ACD　2. ACD　3. BC　4. AC　5. BD
6. AC　7. ACD　8. ABD　9. BCD　10. BCD
11. AC　12. BC　13. ABD　14. ABD　15. ACD

三、问答题(略)

第七章 建筑工程定额

一、单项选择题

1. B　2. C　3. B　4. A　5. C　6. A　7. B　8. C　9. D　10. A
11. B　12. D　13. B　14. D　15. A　16. B　17. C　18. B　19. C

二、多项选择题

1. ABD　2. BC　3. ABD　4. BCD　5. ABD
6. ABC　7. ABC　8. ABD　9. BCD　10. BCD
11. ABD　12. ABD　13. ABCD　14. ABD　15. ABCD

三、问答题(略)

四、计算题

1. 35 天。

2. 砖 527.12 块/m^3;砂浆 0.239m^3/m^3。

3. 4004.92 元/t。

4. 人工费 460.74 元/100m^2,材料费 599.84 元/100m^2,机械费 36.86 元/100m^2。

5. M15 水泥砂浆砖基础定额基价和人工费、材料费、机械费分别是:1281.97 元/10m^3,

331.02 元/10m^3,931.65 元/10m^3,19.30 元/10m^3。

6. C30 砾石普通混凝土,其定额基价为 292.03 元/m^3;人工费为 76.44 元/m^3;材料费为 197.86 元/m^3;机械费 17.73 元/m^3。

第八章 建筑工程量计算

一、单项选择题

1. C 2. C 3. B 4. A 5. D 6. C 7. D 8. B 9. A 10. B
11. C 12. A 13. D 14. A 15. C 16. D 17. C 18. D 19. B 20. C
21. A 22. A 23. B 24. D 25. B 26. C 27. C

二、多项选择题

1. BCE 2. ABCDF 3. ABDEF 4. ABCDE 5. ABDF
6. ABC 7. AB 8. BCD 9. ABD 10. ABD
11. AB

三、计算题(略)

第九章 建筑工程费用构成

一、单项选择题

1. B 2. C 3. B 4. D 5. B 6. C 7. B 8. C 9. A 10. D
11. C 12. C 13. A 14. C 15. A 16. B 17. A

二、多项选择题

1. AB 2. BCD 3. ABCD 4. ABC 5. ABD
6. BCD 7. ABC 8. AB 9. BC 10. ACD
11. ABD

三、问答题(略)

第十章 施工图预算

一、多项选择题

1. ABD 2. ACD 3. ABD 4. BCD 5. AC
6. BC 7. ABCD 8. ACD 9. ABD 10. ACD
11. ADE 12. BCE

二、问答题(略)

第十一章 施 工 预 算

一、单项选择题

1. B 2. C 3. C 4. B 5. B 6. C 7. C 8. D 9. C

二、多项选择题

1. ABDF 2. ABD 3. AD 4. ABCD 5. ACD

6. AD　　7. BCD

三、问答题(略)

第十二章　工 程 结 算

一、单项选择题

1. C　2. D　3. D　4. C　5. B　6. B　7. C　8. B　9. C　10. D
11. C　12. C　13. C　14. B

二、多项选择题

1. ABC　2. BCD　3. AC　4. AD　5. BD
6. AD　7. BC

三、计算题

预付备料款 240 万元。

7、8、9、10 月结算工程款各为:160 万元,360 万元,360 万元,96 万元。

竣工结算时应结的工程款总金额为:1216 万元。

第十三章　工程量清单计价原理

一、单项选择题

1. A　2. A　3. C　4. C　5. C　6. B　7. D　8. D　9. A　10. C
11. B　12. A　13. C　14. B　15. D　16. C　17. B　18. D　19. B　20. C
21. D　22. A　23. B　24. A　25. B　26. B　27. D　28. B

二、多项选择题

1. ACD　2. AC　3. ABD　4. ACD　5. BCD
6. ACD　7. ABC　8. ABD　9. AC　10. ACD
11. ABC　12. ABCD　13. BCD　14. ABE　15. BCD

三、计算题(略)

四、综合计算题(略)

参考文献

[1] 中华人民共和国国家标准. GB 50500—2013 建设工程工程量清单计价规范[S]. 北京:中国计划出版社,2013.

[2] 中华人民共和国国家标准. GJD 101—1995 全国统一建筑工程基础定额(土建)[S]. 北京:中国计划出版社,1995.

[3] 中华人民共和国国家标准. GJDGZ 101—1995 全国统一建筑工程预算工程量计算规则(土建)[S]. 北京:中国计划出版社,1995.

[4] 中国建筑标准设计研究所. 混凝土结构施工图平面整体表示方法制图规则和结构(03G101-1)[M]. 北京:中国建筑标准设计研究所,2003.

[5] 中华人民共和国国家标准. GB/T 50353—2013 建筑工程建筑面积计算规范[S]. 北京:中国计划出版社,2014.

[6] 全国造价工程师执业资格考试培训教材编审委员会. 工程造价计价与控制[M]. 北京:中国计划出版社,2010.

[7] 阎文周,李芊. 工程造价基础理论[M]. 西安:陕西科学技术出版社,2002.

[8] 廖天平. 建筑工程定额与预算[M]. 北京:高等教育出版社,2002.

[9] 龚伟. 建筑制图与识图[M]. 西安:陕西科学技术出版社,2002.

[10] 高竞,高韶明,高韶萍,等. 平法制图的钢筋加工下料计算[M]. 北京:中国建筑工业出版社,2005.